哈伊姆‧夏皮拉 Haim Shapira——著　洪慧芳——譯

賽局思考

洞悉互動背後的思維角力，從囚犯困境到最後通牒賽局，
33個經典賽局剖析，突破人生僵局的終極武器

Gladiators,
Pirates and Games of Trust
How Game Theory, Strategy and Probability Rule Our Lives

CONTENTS

第 3 章
最後通牒賽局

第 4 章
海盜、遺產與生活賽局

第 5 章
媒婆的考驗

第 6 章
黑幫老大與囚犯困境

第 7 章
企鵝數學

第 8 章
拍賣、人性與瘋狂

第 9 章
膽小鬼賽局：你敢跟我拚嗎？

第 10 章
謊言、該死的謊言和統計數字

第 11 章

機率的把戲

第 12 章

怎麼分攤，才公平？

第 13 章
信任賽局

第 14 章
非賭不可時，怎麼賭？

用賽局思考，
把人生這個遊戲玩得更好

　　這本書討論賽局理論，也介紹一些機率與統計的重要觀點。這三大思想領域，構成我們日常生活中決策的科學基礎。這些主題雖然嚴肅，但我竭力把這本書寫得嚴謹又有趣，不至流於枯燥。畢竟，享受生活跟學習一樣重要。

　　所以，在本書中，我們會：

- 認識諾貝爾獎得主約翰・納許（John F. Nash），並了解著名的納許均衡（Nash equilibrium）。
- 學習談判藝術的基本概念。
- 檢視「囚犯困境」（Prisoner's Dilemma）的各面向，以及學習合作的重要。
- 介紹策略思考領域的世界冠軍。

- 檢視穩定婚姻問題（Stable Marriage Problem），並探究它如何促成一項諾貝爾獎。
- 造訪羅馬競技場，應徵教練。
- 在拍賣會上競標，並希望避免「贏家的詛咒」（Winner's Curse）。
- 了解統計資料如何輔助謊言。
- 熟悉手術室的機率應用。
- 了解膽小鬼賽局（game of Chicken）與古巴導彈危機的關聯。
- 興建機場及分遺產。
- 發出最後通牒及學習信任。
- 參加凱因斯的選美大賽，並研究它與股票交易的關聯。
- 從賽局理論的角度，討論公平的意義。
- 認識傑克‧史派羅船長（Jack Sparrow），了解講究平等的海盜如何瓜分戰利品。
- 找出玩俄羅斯輪盤的最適策略。

第 1 章

用餐者困境

♠ ♥

在本章中，我們會去一家餐廳，看賽局理論究竟是什麼，還有它為什麼那麼重要。我也會舉一些日常生活中的賽局理論例子。

想像以下的場景：湯姆走進一家餐廳，坐下來瀏覽菜單，發現這裡有他最愛的羅西尼牛排（Tournedos Rossini）。這道菜是以義大利卓越的作曲家喬阿基諾・羅西尼（Gioachino Rossini）的名字命名。它是先在平底鍋裡，以奶油煎牛里脊肉（亦即菲力牛排），把牛排放在油煎麵包丁上，接著在牛排上放一片鵝肝，然後灑幾片黑松露做裝飾，最後淋上紅酒醬汁。簡言之，這道菜的一切食材都對你的心血管不利，可以幫你的心臟外科醫生過好日子。它確實相當美味，但也非常昂貴。假設一道羅西尼牛排要價200美元，現在湯姆必須決定要不要點這道菜。這聽起來可能很誇張，但其實這不是多麼棘手的決定。湯姆只需要決定，這道菜帶給他的快樂是否值得付出那筆錢就好了。切記，200美元對不同的人來說，有不同的意義。對街頭的乞丐來說，那是一大筆錢。但比爾・蓋茲的戶頭即使多200美元，他可能也沒什麼感覺。總之，這是很簡單的決定，也與賽局理論無關。

　　那我又何必講這個故事？如何把賽局理論套用在這裡？

　　接下來就是要講這件事。假設湯姆不是獨自來用

餐，而是和9個朋友一起來，10人圍坐一桌。他們都同意不要各付各的，而是平分帳單。接著，湯姆禮貌地先讓大家點餐，等每個人都點了簡餐後（例如其他人說：「家常薯條」、「起司漢堡」、「只要咖啡」、「一杯汽水」、「我什麼都不要，謝謝」、「熱巧克力」等等），他突然靈機一動，出其不意地說：「我要羅西尼牛排，謝謝。」他的決定看起來很簡單，經濟上與策略上都很合理：他可享用這道美食，但只需支付定價的十分之一左右。

湯姆做了正確的選擇嗎？這真的是好主意嗎？你覺得其他9人會有什麼反應？（或者，數學家可能會這樣問：「這場賽局接下來會如何發展？」）

每個作用力，都會引發一個反作用力
（牛頓第三運動定律的簡略版）

我很了解湯姆的朋友，所以我可以告訴你，他那舉動簡直就是在宣戰。大家把服務員叫了回來，每個人都突然想起自己餓壞了，菜單上那些昂貴的菜色都

很誘人。家常薯條馬上換成盧布松松露派。起司漢堡也取消了，換成兩磅重的牛排。湯姆的朋友突然間都變成了美食家，專門點菜單上的昂貴菜色。當下的情況有如雪崩，一發不可收拾，簡直是一場經濟災難，而且還加點了幾瓶昂貴的葡萄酒。最後結帳時，大家平分帳單，每個人要付410美元！

無獨有偶，科學研究也顯示，幾個人平分聚餐的帳單或有免費分發的食物時，大家通常會點更多的食物。我相信你一定覺得這沒什麼好訝異的。

湯姆意識到他犯了可怕的錯誤，但只有他犯錯嗎？其他人為了不吃悶虧，避免被湯姆占便宜，結果點了自己原本不想點的菜，又為此付了更多的錢，更甭提他們因此多吃了多少卡路里……

他們應該少花點錢，讓湯姆獨享他的夢想美食嗎？你說呢？總之，那也是這群朋友的最後一次聚餐，沒有下次了。

這個在餐廳發生的例子，顯示出幾位決策者之間的互動，而這也是賽局理論探索的一個實際例子。

「『互動決策理論』或許是更貼切描述『賽局理論』

這門學科的名稱。」

——勞勃‧歐曼（Robert Aumann），

摘自《論文集》（*Collected Papers*）

以色列數學家歐曼教授因賽局理論的開創性研究，於2005年榮獲諾貝爾經濟學獎。根據他的定義，賽局理論是**互動決策的一種數學形式化**。

拜託，別慌！在本書中，我會盡量避免提到數字與公式，因為已經有很多好書那樣做了。我會努力呈現這領域比較有趣的一面，把焦點放在深刻的見解與重點上。

賽局理論是把理性玩家之間的互動關係加以形式化，並假設每個玩家的目標都是追求個人利益的最大化，無論那利益是指什麼。

這些玩家可能是朋友、敵人、政黨、國家。不過其實，任何有真實互動的東西，都可以成為賽局的玩家。但賽局分析的問題之一是，身為玩家，你很難知道什麼對其他玩家有利。此外，很多人甚至不知道自己的目標是什麼，或什麼對自己有利。

我想，我應該在這裡指出，玩家獲得的報酬（回

饋），不是只能用金錢衡量。報酬是指玩家從賽局結果中獲得的滿足感，那可能是正面的（如金錢、名聲、客戶、臉書上的按讚數、自尊等等），也可能是負面的（例如罰款、浪費時間、財產受損、幻滅等等）。

一旦我們必須在一場賽局中做決定，而賽局的結果又取決於他人的決定，我們應該假設，多數情況下，其他玩家跟我們一樣聰明及追求自利。換句話說，不要指望你享受羅西尼牛排時，別人只喝汽水，並與你平分帳單，還愉快地分享你的喜悅。

把賽局理論應用到日常生活中的方法有很多種。例如，商業協商或政治談判；設計拍賣（可選英式拍賣或荷蘭式拍賣。前者是價格持續上升，後者是起價很高，但出價持續下跌）；邊緣政策模型（古巴導彈危機，或伊斯蘭國〔ISIS〕對西方世界的威脅）；產品定價（可口可樂應在耶誕節前降價，還是漲價？百事可樂該如何應對）；街頭小販與偶遇的遊客討價還價（降價的最佳速度是怎樣？降太快可能暗示商品沒那麼值錢，降太慢恐怕使遊客失去耐性並掉頭離去）；捕鯨限制（持續捕鯨的國家都希望對其他的國家設置捕鯨限制。要是不設限，鯨魚可能很快就絕跡了）；為桌遊尋

找精明的策略；了解合作的演變；求愛策略（人類與動物）；軍事戰略；人與動物行為的演化（我沒勁了，越講越籠統）⋯⋯諸如此類（呼！）

問題是，賽局理論真的能幫大家改善日常決策嗎？這就見仁見智了。有些專家認為，賽局理論幾乎對任何事情都有重要的影響。但也有不少專家認為，賽局理論不過就是一些好看的數學運算罷了。我認為真相介於兩者之間，但不是真的在中間。總之，這是迷人的思想領域，為生活中的多元主題，提供了大量的見解。

我認為，舉例是傳授及學習賽局理論、或任何東西的最好方法。看的例子越多，了解越透徹。我們這就開始吧！

第 2 章

勒索者悖論

「讓我們永遠不要因害怕而去談判，而是要永遠不怕談判。」

──約翰・甘迺迪

在本章中，我們將學到歐曼教授發明的一種談判賽局。這個賽局很簡單，但也可能誤導大家，因為它隱藏了一些深刻的見解。

勒索者悖論（Blackmailer's Paradox）最早是由歐曼提出的。他是透過賽局理論分析法，來研究衝突與合作的專家。以下是我提出的版本。

只要達成共識，這筆錢就是你們的……

阿喬與阿莫走進一間昏暗的房間，裡面有個高頭大馬、皮膚黝黑的神祕陌生人等著他們。那人身著黑西裝，打著黑領帶，摘下墨鏡，把公事包放在房間中央的一張桌子上。「這裡有現金100萬美元。」他以充滿威嚴的口吻，指著公事包這麼說，「不久，這些錢有可能是你們的。但有一個條件，你們必須對這筆錢的分配達成共識。只要達成共識，任何共識都可以，這些錢就是你們的。如果無法達成共識，這錢就會送還給我老闆。現在我讓你們留在這裡商量，你們好好考慮。一個小時後，我再回來。」

現在那個高個子走了，讓我來猜猜看你在想什麼。你正在想：「這太簡單了吧！完全不必動腦，不需要商量。我的意思是，諾貝爾獎得主何必煩惱這種事

情？我有聽錯什麼嗎？當然沒有，這應該是全世界最簡單的賽局吧！現在阿喬與阿莫需要做的是⋯⋯」

且慢，我的朋友！別急著下結論。切記，事情通常不像表面上看起來那麼簡單。如果兩位玩家只需要平分那筆錢就可以回家，我就不會在書裡寫他們了。

下面是接下來真正發生的情況：

阿喬天性善良，為人正派，他認為大家都跟他一樣善良正派。他滿臉笑容地轉向阿莫，搓著雙手說：「你相信剛剛那個人嗎？他還真妙！竟然要給我們一人50萬美元！我們根本不需要商量，現在就結束這個愚蠢的遊戲，平分這筆錢，然後去大肆慶祝一番，好不好？」

阿莫說：「所以這對你來說只是愚蠢的遊戲嗎？」那語氣聽起來不太妙，「我反而覺得很有意思。比起你亂講一通，還愚蠢地建議平分這筆錢，我倒是想出一個更合理的方案：我拿走90萬美元，你拿剩下的10萬美元。你之所以能拿這麼多，是因為我今天心情好，明白嗎？這是我的最後提議，要不要隨你。如果你接受，可以現賺10萬美元。要是你不接受，那也沒關係。我們什麼都拿不到，我一點也不介意。」

「你一定是在開玩笑吧？」阿喬說，他開始擔心了。

　　「我怎麼可能是在開玩笑！別忘了我的外號是『錢魔阿莫』，專剋你們這種人。我從來不開玩笑的，我不搞那套！這是我的最後提案，沒什麼好談的！」

　　「你怎麼了？」阿喬幾乎是用吼的說，「這是兩個完全知情的玩家參與的對稱賽局，你沒有理由比我多拿一分錢。這說不過去，一點都不公平。」

　　「你太囉唆了，我聽得頭都疼了。」阿莫說，上唇明顯開始抽動，「你再囉唆，我就把原先大方分給你的10萬降成5萬。現在你只要說：『好，就這樣分！』那就夠了，否則我們都會空手離開。」

　　於是，阿喬說：「好吧。」

　　賽局結束了。

　　這麼簡單的賽局，怎麼會出現那種情況？阿喬是哪裡做錯了？

現實生活中的勒索者悖論

我在某大報上談論這個賽局時，收到許多憤怒的政治評論，從左派到右派都有（順道一提，這證明我的文章是平衡公正的）。那是因為讀者都知道，這個賽局跟阿喬與阿莫無關，而是跟現實生活的談判有關。多年前，我有幸師從歐曼教授，他認為這個故事與以阿衝突密切相關，而且大致上可以教我們一些衝突的解決之道。我們也可以在歷史談判中，看到勒索者悖論的多種面向。例如，1919年的巴黎和會（促成《凡爾賽條約》的簽署）、1939年的《德蘇互不侵犯條約》（Molotov-Ribbentrop Pact）、2002年的莫斯科歌劇院脅持事件，以及最近伊朗與一群大國之間的核發展談判等等。

歐曼認為，以色列與鄰國談判時，必須考慮以下三點：第一，它一定要有心理準備，把談判（或賽局）**達不成協議**的可能性也考慮進來；第二，它必須意識到，談判可能**重複發生**；第三，它必須**深信**自己的底線，並堅持到底。

我們先討論前面兩點。如果以色列不肯在毫無協

議下結束談判，那麼它在策略上就有缺陷，因為如此一來談判不再是對稱的。早就對「達不到協議」有心理準備的那一方，掌握了巨大的優勢。同樣的，一旦阿喬願意做出痛苦的讓步，為了達成協議而接受羞辱的條件，他的立場會影響未來的談判。因為下次雙方再次碰面時，阿莫可能提出更差的條件。

更重要的是，在現實生活中，時間也很關鍵。試想，阿莫想勒索阿喬，如果阿喬不疾不徐地協商，以改變那個不公平的提案。阿莫堅持不變，阿喬再次協商，但時間一分一秒地流逝……突然有人來敲門，那個公事包的主人回來了。

「喂，你們兩個，達成協議了嗎？」他問道，「還沒嗎？好吧，那錢我拿走了，再會！」他走了，結果老實的阿喬和勒索的阿莫一分錢都沒拿到。

這其實是商業界廣為人知的情況。我們不時會看到這樣的新聞：公司收到誘人的收購報價，但還來不及做妥善的討論，報價就取消了。

至於一般的情況，我們需要考慮某種資源的性質，它的價值可能會隨著時間的流逝而衰減，即使根本沒用到。我們姑且稱之為「冰棒模型」吧（別費心

上Google搜尋這個詞了）：一個持續融化、直到完全
消失的好東西。

有一個現代的寓言是這樣的：一個富可敵國的富
豪，他有一套特別的賺錢方法。他想收購一家公司
時，會先開價，然後簽約明訂：收購金額會逐日縮
水。假設他向以色列與約旦政府出價，說他願意出
1,000億美元購買死海（死海每天都在縮小，有朝一日
可能真的消失），而且出價逐日減少10億美元。如果
最終這兩個國家因官僚或政治紛爭，需要花很長的時
間才能回應，他們可能最後還得付給那個富豪一大筆
錢，讓他拿走死海。那將使他不僅擁有死海，還變得
比之前更有錢。

「勒索者」教會我的事

現在讓我告訴你，我從勒索者故事中得出的結
論：

1. 與不理性的對手做理性的協商，往往是不理性

的。

2. 與不理性的對手做不理性的協商，往往是理性的。

3. 你更深刻思考這個賽局（以及生活中的類似情境）時，會發現所謂「理性的協商方式」往往不是那麼直觀（就連「理性」這個字眼的意思也不太明確。畢竟，阿莫是這場賽局的贏家，最後拿走90萬美元）。

4. 你想從對手的角度臆測他會怎麼做時，要非常小心。你不是他，永遠不會知道他會有什麼反應及為什麼。我們幾乎不可能預測別人在某種情況下，會怎麼反應。

　　當然，我有很多例子可以證明以上的觀點，我隨機挑幾個來講。比方說，2006年，格里戈里・裴瑞爾曼教授（Grigory Perelman）婉拒了菲爾茲獎（Fields Medal，相當於數學家的諾貝爾獎），他說：「我對名與利都不感興趣。」2010年，他因為證明了龐加萊猜想（Poincaré Conjecture），獲得100萬美元的獎金，但他再次拒絕領取獎金。你看，有些人就是**不**愛錢。

在二戰期間，史達林拒絕了一個戰俘交換提案：以蘇聯在史達林格勒戰役中逮捕的德國陸軍元帥弗里德里希・包路斯（Friedrich Paulus），去交換他自己的兒子雅科夫・朱加什維利（Yakov Dzhugashvili）。朱加什維利從1941年就被德國人俘虜了。史達林宣稱：「你不能用一個元帥去交換一個中尉。」然而，與此同時，有些人卻捐腎臟給素昧平生的人，為什麼？我也不知道。普丁某天早上醒來，突然認為克里米亞半島屬於俄羅斯。我根本連想都沒想過竟然會有這種事。

順道一提，事後，一些政治專家為普丁的行為提出巧妙的解釋（你可以上網搜尋一下）。問題是，他們都沒料到普丁會有這樣的舉動，可見他們根本不曉得普丁在想什麼。

接下來是最重要的結論：

5. 雖然學習賽局理論模型很重要，也有幫助。但我們必須記得，現實生活中的議題往往比乍看之下複雜許多（即使我們看第二次、第三次，它們也沒有變得比較簡單），而且任何數學模型都無法完全反映它們的複雜性。數學比較善

於研究自然的規律，而不是人類的本性。

* * *

即使我們不完全了解事實，協商或談判也是日常生活中極其重要的一部分。我們隨時隨地都有可能和配偶、孩子、夥伴、老闆、下屬，甚至陌生人協商或談判。當然，談判是國家之間的外交關係或政府機構的行為（例如組成聯盟）的基石。因此，當我們看到不止一般人不熟悉談判技巧與理念，連一些重要的政治人物與財經人物也不善於談判，著實令人訝異。

在下一章，我們會看到與談判有關的知名賽局。

第 3 章
最後通牒賽局

在本章中，我把焦點放在一項經濟學實驗上。
這項實驗讓我們洞悉人類的行為，削弱了標準
的經濟學假設，顯示人類不願接受不公平，並
清楚展現經濟人（Homo economicus）與真實
人類之間的巨大差異。我們也會研究在反覆出
現的最後通牒賽局中，談判策略有何不同。

世界上最著名的賽局

1982年，德國的科學家維爾納·古斯（Werner Güth）、羅夫·希密特柏格（Rolf Schmittberger）、貝恩德·施瓦澤（Bernd Schwarze）為他們的實驗寫了一篇論文。那項實驗結果震驚了經濟學家，但其他人一點都不意外。這項實驗稱為「最後通牒賽局」，[1] 後來變成世界上最著名、也最多人研究的賽局之一。[2]

這個賽局類似勒索者悖論，但有一些關鍵的差別。最主要的差別在於，最後通牒賽局是非對稱的。

這個賽局是這樣進行的。兩位互不相識的玩家共處一室，這裡姑且稱他們為莫里斯與伯伊斯。伯伊斯（我們稱他為提議者）獲得了1,000美元，而且給錢者要求他以合適的方式與莫里斯（我們稱他為回應者）分享那筆錢。唯一的條件是，回應者必須同意提議者的分配方式。如果他不同意，1,000美元就會被拿走，兩位玩家將一無所獲。

注意，在這場賽局中，兩位玩家都充分了解狀況。所以，如果伯伊斯提議給莫里斯10美元，莫里斯也同意，伯伊斯可拿走990美元。但是，萬一莫里斯

不滿意這提議（切記，他知道伯伊斯有 1,000 美元），他們兩人都會空手而歸。

你認為會出現什麼情況？莫里斯會接受伯伊斯那 10 美元的「大方」提議嗎？換成你玩這個賽局，你會提議給多少？為什麼？如果你是回應者，你能接受的最少金額是多少？為什麼？

數學與心理學的糾葛

我認為這個賽局，指出了兩種情況之間經常存在的明顯緊繃關係：根據數學原則所做的決定（「規範性」〔normative〕決定），以及依照直覺與心理學所做的決定（「實證性」〔positive〕決定）。

數學上，這個賽局很容易解決，但簡單美好的解方並不明智。如果伯伊斯想追求最大的個人收益，他應該提議給出 1 美元（假設賽局的最小單位是美元，而不是美分）。莫里斯面對這提議，會陷入「究竟該不該拿」的糾結。如果莫里斯是一般的「數學統計經濟人」（Homo economicus mathematicus statisticus），亦

即愛好數學又絕對理性的人，他只會自問一個問題：「1美元和0美元，哪個比較多？」他馬上想到幼稚園老師曾說過：「有總比沒有好。」於是，他接受1美元，讓伯伊斯留下999美元。只是有個小問題：真正的賽局永遠不會這樣發展。莫里斯接受1美元真的不合邏輯，除非他確實很愛伯伊斯，想送錢給他。比較可能的情況是，那個提議會惹惱莫里斯，甚至讓莫里斯覺得那簡直是侮辱。畢竟，莫里斯不是那麼極端的理性主義者。他有一般的人性，例如生氣、誠實、嫉妒等。既然如此，你認為伯伊斯該如何提議，以免兩人都空手而歸？

我們也想問另一個問題：為什麼有些人只是因為聽說或知道對方獲得多少錢，就拒絕接受別人提議的金額，而且那金額往往很大。我們如何把侮辱也納入數學計算中？如何量化侮辱？一般人寧可放棄多少錢，以不想覺得自己被當成傻子占便宜？

好名聲，比金錢獎勵更有價值？

最後通牒賽局曾在不同的地方試驗過，包括美

國、日本、印尼、蒙古、孟加拉、以色列，而且這類賽局不僅涉及金錢的分配，也包括珠寶（在巴布亞紐幾內亞）與糖果（小朋友玩這類賽局的時候）。經濟學的學生與佛教的冥想者也一起玩過這個賽局，甚至黑猩猩之間也玩過。

我一直覺得這個賽局有難以抗拒的吸引力，並用它做了好幾次實驗。就像很多現實生活的情境一樣，我看到實驗的參與者拒絕了侮辱性的提議。例如，很多人拒絕接受低於總額20%的提議（許多文化中可看到這種現象）。當然，這個20%的門檻只適用於賽局金額**較**小的情況。「較」這個字眼是**非常**相對的概念。我的意思是，要是比爾·蓋茲提議給我他全部財產的0.01%，我一點也不會生氣。

沒有什麼事情是簡單的，也沒有什麼結論是明確的。舉例來說，在印尼，參與賽局的玩家獲得100美元（這筆錢在當地為數不小）。然而，一些玩家仍拒絕30美元的提議（相當於兩週的週薪）。是的，人真是奇怪，有些人又比多數人更奇怪，超乎預期。在以色列也是如此。我們看到有人拒絕從總額500新謝克爾（shekels）中，分到150新謝克爾。你問他們，150與

0，要選哪個？他們選0！這裡似乎是揭露一種重大「價值」發現的絕佳時機：150比0大。為什麼有人會做出這種選擇？答案是，回應者知道提議者自己留下350新謝克爾，所以不願接受，他覺得不公平，**而且**太侮辱人了。他寧可完全不拿，內心還比較舒坦。過去，數學家不夠重視人們的公平正義感，現在他們知道了。

最後通牒賽局從社會學的角度來看很迷人，因為它說明了人類不願接受不公平，同時強調尊嚴的重要性。賓州大學的心理學家兼人類學家法蘭西斯科・吉爾一懷特（Francisco Gil-White）發現，在蒙古的一些小社群中，即使提議者知道「不公平的分法幾乎一定會被接受」，但提議者通常還是會提議比較體面的平分法。這或許是因為好名聲，比金錢獎勵更有價值吧？

「名譽強如美好的膏油。」
——《舊約聖經・傳道書》（*Ecclesiastes*）7:1

無知便是福

　　順道一提，如果回應者根本不知道提議者最後留下多少錢，上述那些奇怪的行為（在單次匿名賽局中拒絕大量金錢）都不會發生。因此，知道資訊不見得是好事。如果我提議你接受100美元，不讓你知道其他資訊（不告訴你，如果你接受這提議，我可拿900美元），你很可能會直接收下錢，拿去幫自己買點好東西。《傳道書》裡提到「因為多有智慧，就多有愁煩」（1:18）是很有道理的。同樣的，以色列作家艾默思‧奧茲（Amos Oz）提到他看過一部美國卡通，裡面有隻貓不停地往前跑，直到深淵的上方。那隻貓是怎麼做到的？如果你看過卡通《湯姆貓與傑利鼠》（*Tom and Jerry*），你就知道答案了：那隻貓沒有停下來。牠在空中繼續跑，直到一個關鍵時刻，牠意識到自己正在空中，這時牠才像石頭那樣墜落。奧茲問道，是什麼讓牠突然掉下去？答案是：覺知。如果牠不知道爪子下面沒有支撐，牠可能一直跑到中國也說不定。

　　那麼，我們該如何玩這種賽局？最佳提議又是什

麼？當然，這要看多種變數而定，包括自己能接受的冒險限度。顯然，沒有放諸四海而皆準的答案，因人而異。這裡，另一個關鍵問題和賽局的次數有關。在單次賽局中，最合理的策略是，提議者留下越多錢越好（除非他覺得這樣做欺人太甚），然後拿那些錢去買書、看電影、吃三明治、買時髦的帽子，或捐錢做善事。反正有錢總比沒錢好。然而，如果這種最後通牒賽局反覆進行，情況就截然不同了。

虛假的威脅與真實的訊號

在反覆出現的最後通牒賽局中，拒絕大筆金額其實是有道理的。為什麼？這是為了給對方一點教訓，並發出清楚的訊號：「我沒那麼容易打發！你提議給我200美元，我不願接受。下一次，你最好提高報價，我甚至會建議你考慮平分，否則你也別想拿半毛錢。」任何事情都不像乍看之下那麼簡單。如果回應者在第一輪拒絕收下200美元，下次對方應該提議多少？在這種情況下，有幾種反應可以考量。

一種建議是，第二輪一開始，提議者就應該提議給500美元，以免激怒回應者。畢竟，他已經搞砸一次，再重蹈覆轍就糟了。問題是，如果一次從200美元漲成500美元，提議者可能會顯得很弱，被看扁。回應者可以再次拒絕提議，藉此施加更多壓力，心想反正這次拿不到也無所謂，但逼提議者在後面幾輪給他600美元、700美元，甚至800美元。

　　另一種可能的方案（普丁的做法）是往相反的方向發展。如果回應者拒絕收下200美元，提議者下次應該提議給190美元。這樣做的邏輯何在？這是對回應者發出訊號：「你想要狠嗎？我比你更狠。你每次拒絕提議，我下次提議就少10美元。我的財力穩固，沒差這筆錢，你大可拒絕我的提議，直到你氣得臉色發青。你會損失太多，反正我無所謂。」

　　這種情況下，回應者該採取什麼策略？其實，如果他認為提議者確實是狠角色，或許他應該妥協。然而，表面上的無情，可能是一種虛假的威脅，所以……現在我們遇到一個問題，因為我們同時面臨心理賽局與鬥智賽局。但心理學與數學截然不同，前者沒有確切的答案。

總之，單次賽局與重複賽局應該以不同的方式處理，賽局玩家應採取不同的策略。但有些情況下，玩家之所以拒絕龐大金額，是因為他們不知道這個賽局只玩一次。在單次遊戲中，暗示對方是沒有意義的，因為沒有下次了，沒有學習曲線。一如既往（我不得不再三強調），任何事情都不像乍看之下那麼簡單。

幸災樂禍的快感

2006年9月，我在哈佛大學辦了一場賽局理論的研討會。與會的科學家告訴我，現在大家知道，有些人在單次的最後通牒賽局中拒絕高額提議，是出於生物與化學的原因。因為當我們拒絕不公平的提議，腺體會分泌大量的多巴胺，產生類似性愛愉悅感的效果。換句話說，懲罰不公平的對手，感覺就是爽。既然拒絕對方那麼爽，那又何必在乎區區200美元？

男人、女人、美貌與訊號

　　杜斯妥也夫斯基曾說：「美將拯救世界。」我不太了解這個世界，但美在最後通牒賽局中有多重要呢？（即使從經濟角度來看，美也很迷人。例如，美貌溢價〔Beauty Premium〕是眾所皆知的事實。也就是說，帥哥美女的收入比長相普通的同事多）。

　　1999年，莫里斯・史威瑟（Maurice Schweitzer）與莎拉・索尼克（Sara Solnik）研究了美貌在最後通牒賽局中的影響。他們找異性來玩這個賽局，分別擔任提議者與回應者。這是單次賽局，總金額是10美元。而且在賽局開始以前，雙方均針對對方的外表打分數。[3]

　　關鍵結果是，男性對美女並沒有比較慷慨（這點令人訝異），但女性會對比較有魅力的男性提議較高的金額，有些女性甚至還提議分8美元給對方！事實上，在西方世界已知的這類實驗中，這是唯一平均提議金額超過半數的實驗！這種現象該怎麼解釋？我認為，即使他們被清楚告知這是單次賽局，但這些女性已經認定這是重複賽局。雖然男性不善於了解暗示，

但他們確實明白「單次相遇」的意思。顯然，那些女人試圖暗示那些帥哥：「我把大部分都給你了，你何不待會兒請我喝杯咖啡？」她們其實是想把單次賽局發展成連續賽局。名作家珍‧奧斯汀曾說：「女人的想像力還真是天馬行空，從愛慕一下子跳到戀愛，一眨眼功夫又從戀愛跳到結婚。」[4] 這話還真是說中了什麼。

我認為，一旦跨出賽局的界限，女性在策略與創意方面比男性更有優勢。女性比較在乎其行為產生的長期後果，這點在決策過程中是重要又可取的特質。這也是為什麼，彼得森國際經濟研究所（Peterson Institute For International Economics）最近的一項研究發現並不足為奇：有較多女性領導者的公司，獲利較好。追求性別平等不止是為了公平，也是改進商業績效的關鍵。

法院的最後通牒

「強制授權」是在法院情境中進行最後通牒賽局

的例子。有人提出原創新概念時，他可以申請專利，實務上那是一種特許的壟斷。也就是說，專利的擁有者可以阻止其他人使用其發明。而法律創造出這種特許壟斷，是為了鼓勵大家創新改革以貢獻社會。但事實上，這種壟斷可能被不希望別人使用其專利的專利擁有者濫用，或是拿來要求大量的授權金，尤其這個產品可能用途廣泛的時候。比方說，圖靈製藥公司（Turing Pharmaceuticals）的時任執行長馬丁・希克瑞里（Martin Shkreli），把治療愛滋病患的抗寄生蟲藥「達拉匹林」（Daraprim）的價格，一下子從一顆13.50美元漲到750美元。在這類案例中，想使用專利的人可能要求法院給予他們強制授權，這樣就不必事先獲得發明者的許可。發明者擔心其他人可能會獲得強制授權，就不會設定不合理的價格。他們會尋找一個方案，那方案可能無法讓他們獲得想要的全部利潤，但至少可以保有授權。就像最後通牒賽局中的玩家一樣，發明者必須謹記，有時你不得不妥協，只獲得較少的收益，但有收益總是比沒有好。

現實與數學結合的時候

在最後通牒賽局的另一個版本中，有數位提議者與一位回應者。幾位提議者提出分配金額的幾種方法，回應者可選擇其中一個方案，其餘的人都必須接受該方案。這裡，現實與數學結合在一起了。在數學方案中，提議者提議把全部的金額都拿出來，因為這是納許均衡（稍後我們會談到這個主題，但簡言之就是：如果賽局金額是 100 美元，一人提議拿 100 美元出來，其他人提議更少的金額都無法過關，因為回應者很自然會拒絕）。現實中，提議者希望自己的提議被選上，但又擔心其他的提議者提議更高的金額，所以提議者通常會拿出幾乎**全部**的金額。

獨裁者賽局

這是最後通牒賽局的另一個版本。這裡只有兩位玩家，提議者又稱為「獨裁者」，擁有完全的控制權，回應者必須接受獨裁者提出的任何條件。也就是說，

他完全遭到忽視，沒有決策的餘地。根據數學解法，提議者應該收下全額回家。但你現在應該已經猜到，標準的經濟假設無法準確預測實際的行為。獨裁者通常不會把金額全部占為己有，他會分一些給回應者（有時獨裁者會分很多出去，有時是平分金額）。為什麼他會這樣做？這給我們什麼人性啟示？這與利他、善良、公平、自尊有什麼關係？我也不知道。

第 4 章

海盜、遺產與
生活賽局

♠ ♥

在本章中，我們會學習一些有趣又有啟發性的賽局。我們會擴大賽局方面的詞彙，獲得一些洞見，改善策略技巧。與此同時，我們也會認識一個人，我認為他應該稱得上是「年度策略家」。咱們開始吧！

賽局一：海盜賽局

「你永遠可以相信那些不值得信賴的人，因為你始終確定他們不可信賴。那些值得信賴的人，反而不能相信。」

——傑克‧史派羅船長，《神鬼奇航》

一群海盜出海打拼一天後，帶回100枚金幣，這些金幣將由5名海盜來分：亞伯、班恩、卡爾、唐恩、爾恩。亞伯是老大，爾恩是這群海盜中地位最低下的。

儘管這個群體中有階級制度，但他們講究民主，所以他們決定以下面的原則來分戰利品。亞伯提議幾個分配方案，讓所有的海盜（包括亞伯）投票表決。哪個方案獲得多數贊成，就會採用，賽局就結束了。但要是無法票選出方案，亞伯會被扔進大海（即使這些海盜講究民主，他們也沒把老大放在眼裡）。如果亞伯不在了，就輪到班恩提出方案，讓大家再次投票。注意，這時可能出現兩種方案票數相同的情況。因此，我們假設，萬一出現票數相同的情況，那些提案

都會遭捨棄，並把提議者扔進大海（不過，還有另一個版本是，在票數相同下，提議者可投下決定性的一票）。如果班恩的提議獲得多數海盜的支持，他的提案將會落實。否則，他會被扔進大海。接著換卡爾來提案（而且提案選擇越來越少），依此類推。

這個賽局會一直進行下去，直到某個提案獲得多數海盜的投票認同。如果一直無法出現多數認同的提案，爾恩會是最後一個留下來的海盜，並拿走全部的100枚金幣。

在你繼續看下去以前，請停下來想一想，假設每個海盜都很貪婪又聰明，這個賽局會如何結束？

數學解方

數學家是以「逆向歸納法」（backward induction）來解這種問題，從結果往回推。假設現在亞伯提出方案且失敗了；班恩的提議遭到否決，已經被丟下海；卡爾也好不到哪兒去；現在只剩下唐恩與爾恩這兩個海盜。這時解方很明顯：唐恩必須建議爾恩拿走100枚金幣，否則唐恩很可能被丟下海，與鯊魚共泳，應

該活不久（切記，票數相同也表示提案失敗）。唐恩是個聰明的海盜，所以他建議爾恩拿走全部的金幣（見下表）。

唐恩	爾恩
0	100

　　卡爾也一樣聰明，他知道上述情況是賽局的最後階段（如果賽局可能進展到那一步，卡爾會不惜一切代價阻止）。此外，卡爾知道他沒有什麼可以給爾恩，因為爾恩在乎的是，無論如何都要讓賽局進展到下一階段。不過，相較於最後只剩下唐恩和爾恩的情況，卡爾可以幫唐恩改善**他的**處境，而且卡爾可以給唐恩1枚金幣，讓唐恩投票支援他（在這種情況下，唐恩會支援卡爾，他們將成為多數）。所以，剩3個玩家時，金幣的分配是卡爾99枚，唐恩1枚，爾恩0枚（見下表）。

卡爾	唐恩	爾恩
99	1	0

班恩當然知道這些算計。他知道他的提案無法改善卡爾的處境，但他可以提出讓唐恩與爾恩都無法拒絕的方案：卡爾分不到任何東西，爾恩有1枚金幣，唐恩有2枚金幣，班恩自己留下97枚金幣（見下表）。

班恩	卡爾	唐恩	爾恩
97	0	2	1

現在我們能夠清楚看出亞伯該怎麼做了（身為資深海盜，他對於戰利品的分配可說是經驗老道）。亞伯提出以下建議（見下表）。他拿走97枚金幣，不給班恩任何東西（他在任何情況下都不會被收買），給卡爾1枚金幣（這種情況比亞伯被扔進大海，換班恩來分配金幣好了）；唐恩也是什麼都拿不到；爾恩得到2枚金幣（買爾恩這張票比買唐恩那張票的成本低一些）。這個提案將因三票支持、兩票反對而通過。這些海盜可以繼續出海劫掠，直到海枯石爛。

亞伯	班恩	卡爾	唐恩	爾恩
97	0	1	0	2

不過，最後的分配看起來有點奇怪。如果我們找5個數學系的學生來做這個實驗，會得到同樣的結果嗎？若是找5個心理系的研究生來做這個實驗？心理學家會如何處理各種可能性？

玩家可以結盟及達成協議嗎？如果可以，這個賽局會變成什麼樣子？數學解方總是假設所有的玩家都是明智又理性，但做這種假設明智嗎？理性嗎？我觀察過這種賽局好幾次，從未看過玩家最後採取這種數學解方。這意味著什麼？數學解方忽略了嫉妒、侮辱或幸災樂禍等重要的人之常情。情感因素會不會改變數學計算呢？

總之，儘管亞伯的分配（97，0，1，0，2）在數學上是合理的，但我建議他把分配改成57，10，11，10，12（也就是說，多分給每個人10枚金幣），藉此向夥伴展現他有多慷慨大方。這樣做可望讓大家更滿意，也防止叛變。

海盜賽局其實是最後通牒賽局的多人版本。如果你覺得這種賽局很奇怪，那你覺得下面的賽局如何？

賽局二：富豪遺產

　　一位年邁的富豪過世了，留下兩個兒子：山姆與戴夫。*這兩兄弟失和已久，雙方沒往來十年了。現在他們都來到父親家中，聆聽父親的遺願與遺囑。

　　父親的律師打開信封，念出遺囑內容。富豪留給兩個兒子共101萬美元的遺產，以及多組可能的分配方案。

　　在第一種方案中（見下表），哥哥山姆可立即拿走100美元，留給弟弟1美元，把剩下的遺產全部捐給慈善機構（這確實是一大筆善款）。

山姆	戴夫
100	1

　　山姆沒有義務接受這個方案，他可以把主導權交給弟弟。如果換成戴夫來處理這筆錢，戴夫可以拿到1,000美元，留給哥哥10美元，剩下的捐給慈善機

---

* 這個故事是由知名的蜈蚣賽局（Centipede Game）改編。1981年，美國經濟學家羅伯・羅森塔爾（Robert Rosenthal）首次提出這種賽局。

構。這是第二種分配方案（見下表）。

山姆	戴夫
100	1
10	1000

但現在換成戴夫可以拒絕這種方案，換哥哥山姆來決定是否接受另一個更好的分配方案：山姆拿走1萬美元，留給弟弟戴夫100美元，剩下的錢捐給慈善機構（見下表）。

山姆	戴夫
100	1
10	1000
10,000	100

然而，山姆也不必接受這個方案，他可以把主導權再次交給戴夫。這次戴夫可以拿10萬美元，給山姆1,000美元，剩下捐給慈善機構的部分則越來越少（見下表）。

山姆	戴夫
100	1
10	1000
10,000	100
1,000	100,000

　　當然，這不是定案。戴夫可以讓山姆再次分配這筆錢，但分配如下：山姆拿100萬美元，給他討厭的弟弟1萬美元，完全沒捐錢給慈善機構（見下表）。

山姆	戴夫
100	1
10	1000
1 萬	100
1,000	10 萬
100 萬	1 萬

　　你認為結果會是怎樣？同樣的，這個問題也可以用逆向歸納法來解決。每個人都看得出來，這個賽局

不可能持續到最後一個方案（第五種方案），亦即戴夫讓山姆拿走100萬美元。因為那會使他自己的收益，從10萬美元降到1萬美元。山姆也知道這點，所以他不會讓這個賽局發展到第四種分配方案，那時他只能拿到1,000美元，而不是第三種方案的1萬美元。繼續分析下去，你會看到他們不會採用第三種方案，也不會採用第二種方案。這令人訝異，但假設兩兄弟都是「統計經濟人」（也就是說，他們都是精於算計、只顧自己的人），這個賽局應該會結束在第一種分配方案，亦即山姆拿到100美元，戴夫拿到1美元，剩下的鉅款捐給慈善機構（意圖不良可能導致慷慨的結果，兄弟倆或許會因為行善而獲得善報）。這是數學解方：山姆獲得100美元，戴夫獲得1美元，並把大筆善款捐給慈善機構。

　　這個解方合理嗎？你自己判斷吧。

賽局三：巧克力與毒藥賽局

　　這是一個相當簡單的賽局，又稱為「巧克力賽

局」（Chomp）。Chomp是源自Chomp巧克力塊，這是
由已故的美國數學家大衛・蓋爾（David Gale）提出的
名稱。這個賽局是在矩型格狀的巧克力塊上進行，每
一格都是巧克力，但左下角那一格含有致命毒藥。賽
局規則如下：

開局的玩家在任一格上打×（如下圖）。

		✗		
毒藥				

標好後，×那格的右方與上方的每一格都會自動
打×（如下圖）。

		✗	✗	✗
		✗	✗	✗
		原始 ✗	✗	✗
毒藥				

接下來，另一位玩家在剩下的格子中選一格打

〇。標好後，那一格的右方與上方的每一格也會自動
打〇（如下圖）。

		X	X	X
		X	X	X
		原始 X	X	X
			〇	〇
毒藥			〇	〇

　　接著，換第一個玩家在另一格上打×，使那格及
其右方與上方的空格（如果還有的話）也變成×。之
後換第二個玩家選一個方格打〇，使那格及其右方與
上方的空格（如果還有的話）也變成〇。這個遊戲持
續進行下去，直到其中一個玩家被迫選擇毒藥，他就
輸了，也中毒死了（當然是比喻）。

　　你可以在7×4格（7行4列，或4行7列）的巧克
力塊上玩這個遊戲。

　　如果賽局是在正方形（行數與列數一樣）的巧克
力塊上進行，有一個策略可以讓開局的玩家永遠是贏
家。你知道怎麼做嗎？請花三分鐘思考一下。

　　解方：假設喬恩與吉爾一起玩這個賽局。如果喬

恩是開局的玩家,她採用以下策略就能獲勝。第一步,她應該選毒藥右上角那格打×(如下圖)。

	X	X	X	X
	X	X	X	X
	X	X	X	X
	喬恩 X	X	X	X
毒藥				

接著,她只要以對稱的方式,跟著對手做就好了。也就是說,吉爾怎麼做,她就跟著怎麼做,只是在吉爾的對側做。下圖比文字說明更簡單明瞭:

○	X	X	X	X
○ 吉爾的選擇	X	X	X	X
	X	X	X	X
X 喬恩	X	X	X	
毒藥			X 喬恩的選擇	X

現在,喬恩要怎麼贏這場賽局,應該已經很明顯了。

這個賽局在矩型方格上進行時，會複雜很多。但我們還是可以證明，開局的玩家有必勝的策略。問題是，相關證明並沒有具體說明這種必勝策略。數學家稱這種證明為「非建設性的存在證明」（non-constructive proof of existence）。

賽局四：不適合老人的賽局

我在家鄉立陶宛的維爾紐斯市（Vilnius）讀中學時，學到的最寶貴技能之一，是在課堂上偷偷玩策略遊戲但不被老師逮到。我很喜歡玩「無限版」的井字棋（又稱圈叉遊戲）。這個遊戲幫我熬過了那些枯燥的課。

我想，多數人都熟悉經典版的井字棋，那是在3×3的方格上進行，比較吸引未滿六歲的幼童。大一點的孩子及成人玩這種遊戲時，通常是以平手結束，除非某玩家在遊戲中睡著了（這是有可能的，畢竟這種遊戲很無聊）。

然而，在無限版中，這個遊戲是在無限格的棋盤

上進行，遊戲目標是連成五個×或五個○。就像原版遊戲一樣，可以連成垂直、水平或對角線。玩家輪流在格子上打×或打○（按照事先的約定），最先連成五個○或五個×的人就贏了（見下圖）。

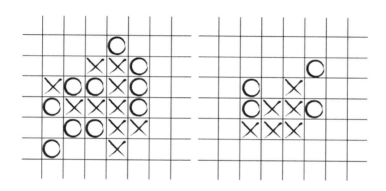

在上圖的左側，×玩家已經獲勝了。

在上圖的右側，輪到○玩家進攻，但他仍然無法阻止×玩家獲勝。你知道為什麼嗎？

求學時期，我以為我發明了這個遊戲，後來才意識到並非如此。我發現一種非常類似的遊戲在日本與越南已流行多年了，那遊戲叫五子棋（Gomoku）。Go 在日語中的意思是五。雖然五子棋有時是在圍棋的棋盤上玩，但這兩種遊戲並不相關。圍棋是古老的中國

遊戲，連《論語》中也提過，但它是由日本人傳到西方，因此外國人知道的是它的日本名。

我在無數堂課上、還有下課時間，都在玩無限版的井字棋（下課玩比較沒那麼有趣，因為下課本來就可以玩遊戲），經驗豐富。但我還是不確定開局玩家（×棋手）的最佳必勝策略是什麼，或者，兩個高手對決時，這個遊戲是否總是以平局作收（或是，永遠不會結束）。然而，我願意打賭，這種賽局應該有必勝策略。等我退休，有充裕的時間後，我會努力為開局玩家找到必勝策略。

不過，老實說，我已經幾十年沒玩這個遊戲了。寫這本書時，才讓我又回想起來。由於我重新研究這個遊戲策略的計畫很長遠，你們大可先研究，找出那個必勝策略，為我省下時間與精力。

賽局五：別人的信封總是比較好

想像以下的場景。有人拿兩個信封給我，對我說，其中一個信封裡的現金，是另一個信封的兩倍。

我可以任選一個信封拿走。

假設我選了一個信封，打開以後發現裡面有1,000美元。我本來還很高興，但後來我開始想另一個信封裡裝什麼。當然，我不知道裡面裝什麼，可能是2,000美元，那表示我挑錯了。但那裡面也可能是500美元。我相信你看得出來問題出在哪裡。我思考了一下，得出以下結論：「我不滿意，因為我沒選的那個信封裡，潛在金額的平均值比我現在拿到的錢還多。畢竟，如果它裡面裝2,000美元與500美元的機率是一樣的，它的平均值就是1,250美元，那比1,000美元多。我懂得算數學！」

事實上，不管我從信封裡拿到多少，都能證明墨菲定律（Murphy's Law）。也就是說，「會出錯的事情，總會出錯。」平均來看，我沒選的那個信封一定比我選上的還好。如果我的信封裡有400元，另一個信封裡可能有800美元或200美元，平均值是500美元。如果這樣想，我的選擇永遠都是錯的。沒選的那個信封總是比我選的那個多25%。所以，如果我看另一個信封的內容之前，給我機會改選那個信封，我會改變主意嗎？要是我這樣做了，我會進入一個無限迴

圈。為什麼這麼簡單的選擇會變得如此複雜？

事實上，我剛剛講的故事是一個知名的悖論，最早是由比利時的數學家莫里斯・克萊特契克（Maurice Kraitchik）提出，只不過他講的是領帶的故事。兩個男人爭論誰的領帶比較好看，他們找第三人——比利時著名的領帶專家，來當裁判。這位專家答應了，但他提出一個條件，贏的人必須把他的領帶送給輸的人當安慰獎。那兩人考慮一下後答應了，因為他們都這樣想：「我不知道我的領帶是不是比較好，我也許會輸。但可能因此獲得一條更好的領帶，所以這個賽局對我有利。打賭對我來說是有利的。」為什麼競爭的雙方都相信這個賽局對自己有利？

1953年，克萊特契克提出這個故事的另一個版本，這個版本涉及兩個喜歡爭論的比利時人。他們不打領帶，因為兩人吃太多比利時巧克力，胖到打領帶無法呼吸。他們比較的是錢包，誰的錢包裡有比較多錢，也比較快樂，就必須把他的錢包給對方。如果他們不分勝負，就回去繼續吃巧克力。

同樣的，他們也都覺得自己占優勢。萬一賭輸了，他們得到的錢會比原來多。這是一個好賽局嗎？

你可以試著在街上找陌生人來玩這個賽局，看會出現什麼狀況。1982年，科普作家馬丁・葛登能（Martin Gardner）在《跳出思路的陷阱》（*Aha! Gotcha*）一書中提到這個故事。[1] 那是關於聰明思考，最精彩、最簡潔有趣的好書之一。

耶魯大學管理學院的史丹巴赫講座教授貝利・奈勒波夫（Barry Nalebuff），是賽局理論的頂尖專家。他在1989年的一篇文章中，提出這個故事的信封版本。令人訝異的是，即使是今天，這個賽局一直找不到讓所有的統計學家都認同的解方。

提議的解方之一是考慮幾何平均，而不是算術平均。幾何平均是兩個數字的乘積開平方。比方說，4與9的幾何平均是4乘以9，再開平方根，也就是6。現在，如果我們在挑選的信封中看到X美元，我們知道另一個信封裡可能有2X或X/2，所以另一個信封裡的幾何平均數是X，正好就是我們手中的金額。使用幾何平均數的邏輯在於，我們談的是乘法（「兩倍」），而不是加法。如果我們說一個信封比另一個信封多10美元，那就會使用算術平均值，算出它是多少，結果就不會出現悖論了。因為如果我們的信封裡有X，另

一個信封裡有 X＋10 或 X－10，另一個信封的平均值是 X。

上過機率課的學生會說，你「不能定義一組有理數是均勻分配」，這句話是不是聽起來很高深？

如果你不懂那句話是什麼意思，沒關係，因為這個悖論的最佳版本與機率根本毫無關係。底下這個最後的版本是出現在美國數學家、哲學家、古典鋼琴家兼音樂家雷蒙德‧斯穆里安（Raymond M. Smullyan）的精彩著作《撒旦、康托爾和無限大》（*Satan, Cantor and Infinity*）中。[2] 斯穆里安提出這個悖論的兩種版本。

1. 假設你的信封裡有 B 張紙鈔，如果你換成另一個信封，你可能多拿到 B 張紙鈔或失去 B/2 張紙鈔。因此，你應該更換信封（因為潛在收益 B 大於潛在損失 B/2）。

2. 如果兩個信封分別裝了 C 張與 2C 張紙鈔，你選擇以一個信封換另一個信封，你可能多獲得 C 張紙鈔或失去 C 張紙鈔。因此，你的潛在收益與潛在損失相同。

覺得困惑不解嗎？我也是。

總之，很多人悲觀地認為，這裡根本沒有悖論或矛盾。人生就是這樣，無論你做什麼或去哪裡，相反的選擇總是看似更好。比方說，你結婚了，或許你覺得該維持單身。畢竟，契訶夫寫過：「如果你怕孤獨，就不要結婚。」但是，如果你決定維持單身，那你又錯了。《聖經》中第一次出現「不好」這個字眼，是在《創世記》（2:18）:「那人獨居不好。」那是上帝說的，不是我說的。

賽局六：金球

《金球》（*Golden Balls*）是英國的電視益智節目，在2007年至2009年播出。這裡不詳細說明其遊戲規則與步驟，但在遊戲的最後階段，剩下的兩個玩家需要協商他們怎麼分一筆錢。每個玩家都有兩顆球，球上貼著標籤，一顆球的標籤是「分」，另一顆球的標籤是「偷」。如果他們都選擇「分」，錢就會在兩人之間平分。要是他們都選擇「偷」，雙方會空手而歸。萬

一他們選的球不一樣，選「偷」的人可以拿走全額。
玩家可以在選擇之前討論他們的狀況。

	分	偷
分	（X/2，X/2）	（0，X）
偷	（X，0）	（0，0）

　　根據遊戲規則，瞄一眼上表就可以看出，如果每
個玩家只顧及個人收益，選「偷」比選「分」好。問
題在於，如果兩個玩家都選「偷」，則兩敗俱傷。（沒
錯，這和你可能已經知道的「囚犯困境」很像。我們
稍後會討論這個著名的困境。）

　　在多數情況下，玩家會說服彼此選擇「分」，這
樣做有時是有用的。然而，YouTube上，這個節目的
許多影片卻顯現出令人難過的畫面，一些玩家因信任
對手而選擇「分」，結果遭到背叛。

年度最佳策略家

　　某天，玩家尼克提出了令人意外的方法。他告訴

對手易卜拉欣，他會選擇「偷」，並請求易卜拉欣選擇「分」，他承諾在賽局結束後，會跟易卜拉欣平分獎金（那次獎金是1萬3,600英鎊）。易卜拉欣覺得難以置信。尼克一再承諾他會選「偷」，同時又堅持說他提前說出來，表示他有基本的誠信，所以易卜拉欣應相信自己可以分到一半的錢。尼克告訴他：「你選『分』不會損失什麼，你只會獲益。」就在這一刻，主持人要求他們停止談話，拿起他們各自選的球。

易卜拉欣選了「分」，但尼克也選了「分」。為什麼他會那樣做？尼克非常確定他已經說服易卜拉欣與他合作了，所以他選擇「分」，省去在遊戲結束後分錢的麻煩。

你不得不承認，尼克也許稱得上是「年度最佳策略家」。

這個遊戲不僅與談判策略有關，也關乎玩家之間的信任。

賽局七：錯綜複雜的棋局

（底下內容僅適合下棋與數學愛好者閱讀。）

很多人認為賽局理論誕生於1944年，亦即卓越的數學家約翰‧馮紐曼（John Von Neumann）與經濟學家奧斯卡‧摩根斯坦（Oskar Morgenstein）合著的經典著作《賽局理論與經濟行為》（*Theory of Games and Economic Behaviour*）出版的時候。然而，賽局理論所處理的問題，其實自古就有了。比如，《塔木德》（*Talmud*）、《孫子兵法》，以及柏拉圖的著作中都可以看到早期的例子。

不過，有些人認為，賽局理論這門學問是德國數學家恩斯特‧策梅洛（Ernst Zermelo）於1913年構思的。當時他提出有關「王者遊戲」（game of kings）——西洋棋的定理：「要麼白方獲勝，要麼黑方獲勝，要麼雙方和棋。」換言之，他說下棋只有三種選擇：

1. 白方有一種必勝策略。
2. 黑方有一種必勝策略。
3. 黑方與白方有一套必定和棋的策略組合。

我第一次讀到這個定理時，（以我一貫的嘲諷態度）心想：「哇！這可真聰明……真新鮮……這位德國思想家告訴我，下棋時，要不是白棋贏，就是黑棋贏，不然就是平手收場。而我竟然認為還有更多種選項……」但是我開始讀他的論證後，終於明白那個定理在講什麼了。

　　事實上，策梅洛證明了西洋棋與有限的（3X3）井字棋沒什麼不同。前面提過，如果井字棋的兩位玩家不是暫時精神錯亂（有時會發生），所有的賽局都會以平局作收，沒有其他的選項。即使一開始一再輸棋的玩家，最終也會找到不敗的方法，那可以讓已經平淡無奇的井字棋遊戲變得更加枯燥乏味，彷彿閱讀無字天書一樣。

　　但策梅洛設法證明了，西洋棋（與許多其他的賽局）幾乎跟井字棋一模一樣。它們之間的差異不在性質上，而是數量上。

　　在西洋棋中，「策略」是對棋盤上可能出現的任何情況的一套反應。顯然，兩個棋手之間，會有大量的策略。我們把白方（開局者）的策略標上 S，並把其對手的策略標上 T。剛剛說過，策梅洛定理（Zermelo theorem）指出，只有三種選擇：

要麼白方有一種必勝策略（這裡稱之為S4），不管黑方怎麼走，白方都能贏：

（W＝白勝；B＝黑勝；X＝和棋）

	S1	S2	S3	S4	⋯	Sn
T1	B	W	B	W		B
T2	B	X	B	W		W
T3	W	W	B	W		W
T4	B	W	W	W		W
⋯				W⋯w	
Tm	B	B	W	W		X

或者黑方有一種必勝策略（這裡稱之為T3），不管白方怎麼走，黑方都能贏：

	S1	S2	S3	S4	⋯	Sn
T1	W	X	W	B		W
T2	B	B	B	W		B
T3	B	B	B	B		B
T4	W	W	B	W		X
⋯				⋯	
Tm	W	W	X	W		B

或者雙方有一套必定和棋的策略組合（就像井字棋一樣）：

	S1	S2	S3	S4	...	Sn
T1	W	B	X	X		W
T2	B	B	X	X		B
T3	X	X	X	X	X...	X
T4	W	W	B	X		W
...				X...		
Tm	B	B	W	X		W

如果是這樣的話，大家為何還繼續下棋？為什麼會覺得這很有意思？答案是，我們下棋或看別人下棋時，不知道自己面對的是上述三種情況中的哪一種。超級電腦也許可以在未來找到正確的策略，但我們離那種狀態還很遠，因此賽局才會如此耐人尋味。有「資訊理論之父」美譽的美國數學家兼密碼學家克勞德‧夏農（Claude Shannon）指出，西洋棋中有 10^{43} 種以上的走法。你看那個數字：10,000,000,000,000,000,000,000,000,000,000,000,000,000,000。哇！很多人認為，電腦檢查西洋棋所有可能走法所需的時間，超出了最現代技術的極限。

有一次，我與2012年國際西洋棋冠軍鮑里斯・格爾凡德（Boris Gelfand）共進午餐。我告訴他，幾年前，我棋藝還很差時，可以打敗電腦程式。但如今電腦可以輕易贏我，快到令人尷尬。他說，人類棋手與電腦棋手的差距與日遽增，現在的電腦程式可以輕易擊敗最強的人類棋手。那落差實在太大了，所以現在看人類對抗電腦的棋局已經沒有多大的意義。在西洋棋的人機大戰中，人類已經慘敗。如今格爾凡德大師推斷，人類與強大的電腦程式（所謂的「引擎」）對弈，就像與大灰熊摔角一樣自不量力。

　　人與人之間的對弈有趣多了。

　　在我們這個年代，西洋棋大師對弈時，有時開局的選手贏棋，有時後走的棋手贏棋，有時是平局作收。棋手與理論家普遍認為，開局的白方略有優勢。統計學家也支持這個觀點：白方贏棋的頻率稍高於黑方，機率約為55%。

　　長期以來，棋手一直在爭論，如果兩位棋手都下得很完美，究竟是白方永遠獲勝，還是以平局作收。他們認為黑方沒有必勝策略（不過，匈牙利的西洋棋大師安德拉斯・阿多爾揚〔András Adorján〕一反這個

大家普遍認同的觀點，他認為白方占優勢的觀點是錯覺）。

　　身為棋藝不佳的退役棋手，我猜，如果每位棋手都下得很完美，比賽永遠會以平局作收（就像井字棋一樣）。將來，電腦可以檢查所有的走法，並判斷我這個平局主張是否正確。

　　有趣的是，科學家仍無法針對策梅洛定理達成共識。那個定理原本是以德文撰寫，如果你曾經讀過德文的科學或哲學文獻（黑格爾就是很好的例子），你對其含糊的文意並不會感到訝異（幸好現在的科學用語是英文）。

凱因斯選美大賽

　　想像某大報舉辦一場虛構的選美比賽，請讀者從20張照片中選出最美的樣貌。選中最美樣貌的讀者，都有資格獲得大獎：終身免費訂閱報紙、一台咖啡機、一枚獎章。

　　如果你是讀者，你會怎麼參與這項比賽？假設我最喜歡的照片是2號，我該投票給她嗎？如果我想表達個人意見，那就應該投給她。但要是我想要獲得免費的報紙、咖啡機與獎章，就不該投給她。

　　卓越的英國經濟學家凱因斯在著作《就業、利息和貨幣的一般理論》（*The General Theory of Employment, Interest and Money*）的第12章中提到，如果你想得獎，你應該猜測多數讀者喜歡哪張照片，這算複雜度

第一級。但是，如果再講究一點，就應該跳到複雜度第二級，猜測其他參與者認為**別人**會覺得哪張照片最美。誠如凱因斯所言：「我們應該動腦預測的是，一般人認為一般人會怎麼看。」當然，我們也可以進一步跳到複雜度第三級、甚至更高。

當然，凱因斯指的不是選美，而是在談論如何在股市獲利，他認為選股與選美是類似的行為。畢竟，如果我們買股只是因為我個人認為它是一檔好股票，那樣做其實很傻，還不如把那筆錢藏在床墊下或存入銀行。股價不是在股票好的時候上漲，而是有夠多人認為它好，或有夠多人認為「夠多人相信它好」的時候。

亞馬遜的股票就是很好的例子。2001年，亞馬遜的股價比全美其他書商的股價加起來還高。當時亞馬遜甚至還沒開始獲利。那種情況之所以會發生，是因為很多人認為，有許多人相信亞馬遜將會發展成業界巨擘。

下面的賽局是凱因斯那個概念的很好例子。阿蘭‧勒杜（Alain Ledoux）為了讓這個版本流行起來，投入了很多心血，1981年他在法國雜誌《遊戲與策

略》（*Jeux et Stratégie*）上發表過這個賽局。

勒杜的猜謎遊戲

房裡有一群人，主辦人要求他們各自在0到100之間選一個數字。完成後，主辦人會算出大家的平均值，並乘以0.6，這個結果就是目標數字。誰選的數字最接近目標數字，就可贏得一輛賓士車（這輛車可以很好的折扣價買到）。

你會選什麼數字？請花點時間思考一下。

有兩種選擇方法：規範性與實證性。

規範性版本是假設其他的參與者都聰明又理性，在這種版本中，我們應該選0。原因如下。如果我們假設所有人是隨機挑選數字，預期的平均值是50，$50 \times 0.6 = 30$，因此該選這個數字。但且慢！萬一每個人都這樣想怎麼辦？那平均值會是30，因此我們應該選18（亦即30×0.6）。但是萬一每個人也這樣想怎麼辦？那麼平均值就是18，因此我們應該選10.8（亦即18×0.6）。當然，故事不會就此結束，如果我們繼續朝這個方向算下去，最終會得出0。

選0的策略是「納許均衡」（我們將在下一章看到這個超有名的概念）。它是指，一旦我知道每個人都選0，我沒有理由不這樣做。

選0是規範性的建議。也就是說，如果我們相信其他人都聰明又理性，那就是合理的選擇。但要是其他人並非如此，我該怎麼做？

這個賽局的實證性玩法是基於以下的事實：想猜出一般人挑選的數字怎麼分布非常難。在這個賽局中，心理與直覺扮演的角色比數學更重要。

在一些情況下，大家往往不了解這個遊戲。例如，某位在全球頂尖大學任教的教授選95。他為什麼那樣選？即使你基於一些奇怪的原因，認為每個人都選100，那麼平均值應該是100。如此一來，得獎的最高數字是60。然而，如果其他玩家都選擇更奇特的策略、也就是選100，這位教授的奇怪選擇（95）仍然可能贏得比賽。

有一次，一位物理學教授跟我解釋，他選100是為了提高平均值，以懲罰那些選較小數字的超級聰明同事。「我要讓他們知道，人生沒那麼簡單。」

順道一提，目前為止我試過這個遊戲超過400次

了，但只有一次是0獲勝（那些參加者是一小群數學技巧超強的孩子）。一群人選擇比較小的數字時，那表示這群人比其他群人更深入思考了這個遊戲，而且他們也覺得該組的其他成員也會思考。

顯然，很多因素決定了實驗參加者所選的數字。在我教的幾門經濟課上，學生的成績一直很差。有一天我終於明白癥結所在：他們沒有足夠的動機！由於我無法每次玩這個遊戲都送出一輛賓士車，我對他們說，贏得遊戲的學生，學期成績可加5分。他們的成績馬上就進步了。

你可以跟朋友玩這個遊戲，但要小心，別太失望。

第 5 章

媒婆的考驗

♠ ♥

本章的篇幅頗長，我們將學到傳奇的納許均衡，以及它在不同情境中的表現，從相親策略到母獅子與水牛之爭。我們也會學到，配對兩組人數相同的男性與女性，而且絕對排除任何出軌可能的演算法，是如何榮獲諾貝爾經濟學獎的。

酒吧裡的金髮女郎

　　2015年5月23日，榮獲諾貝爾獎的卓越數學家約翰·納許與妻子艾麗西亞（Alicia），在挪威領完崇高的數學獎項阿貝爾獎（Abel Prize）後，在回家途中不幸車禍身亡。

　　在《美麗境界》（*A Beautiful Mind*）的前半部（這是概略根據納許的傳記改編的電影），我們看到以下的場景。納許與幾個朋友坐在酒吧裡，這時一個金髮女郎與幾位棕髮女子走了進來。導演朗·霍華（Ron Howard）不太相信觀眾的智商，所以直接找來一個金髮美女和其他幾位相貌普通的棕髮女子（抱歉，電影就是這樣演的）。納許和同伴都決定去追那個金髮美女，但納許思考了一下，阻止大家這樣做，並提出一套策略論點。他說（我是轉述他的意思）:「我們的策略是錯的。如果我們都去追那個美女，只會妨礙彼此。既然一個女人不太可能跟五個男人一起離開酒吧，更不可能第一次約會就這樣做，我們都去追她的話，肯定全部落敗。於是，我們轉而去追她的同伴，但她們也不會理我們，因為沒有人想當備胎。不過，

如果我們一開始就不去追那位金髮美女，結果會怎樣？我們不會妨礙彼此，也不會侮辱到其他女子，這是成功的唯一方法，至少每個人都能把到馬子。」

納許這麼說。

納許說服朋友相信追金髮美女是糟糕的策略後，金髮美女獨自被晾在吧台，沒人追。納許輕而易舉追到她，其實這一直是他的計畫。納許的同伴不滿地坐在酒吧的一角，不明白他們為什麼會上納許的當。此刻，納許和美女聊天，甚至還為了某件事感謝她（或許是因為腦中突然冒出某個數學概念），但不久他就把美女留在原地。導演似乎想把納許塑造成書呆子科學家，對公式與方程式的興趣更勝於女人。有些人說，數學家覺得其他東西比性愛更有趣。哦，好吧。

這一幕出現在電影中是有原因的。賽局理論中也有類似這個故事的情境，我們繼續看下去。

擇偶策略

想像一下，房間內有30個男人與30個女人準備配

對。為了清楚起見，這裡的配對機制是異性配對。每個男人都會拿著一張紙條，上面有一個數字（1到30），代表他的編號。男子從30名女子中挑出最喜歡的（當然，你也可以想像另一個賽局，由女子挑選男子。總之，**切記，這只是遊戲**）。接著，每個男子把寫著其編號的紙條，遞給他挑選的女子。收到紙條的女子必須從收到的紙條中，選出她最喜歡的一位。所以，收到多張紙條的女子必須從中選出一位，而只收到一張紙條的女子，則與遞給她紙條的男子直接配對。

在理想的世界中，結果應該很明顯：每個男子都挑選不同女子，每位女子都收到一張紙條，賽局就這樣結束了。然而，現實並沒有那麼理想。每次我介紹這個賽局時，總是有人對我說：「啊哈！我知道會發生什麼情況。一定有一位女子收到所有男人的紙條。」但是，我們先不要那麼快就妄下結論。亞里斯多德說，真相總是介於兩個極端之間，但鮮少在正中間。

有一次，我對一家高科技公司的員工介紹這個賽局。一位有數學博士學位的參與者舉手說，她很熟悉這個賽局，已經思考好幾年了。她跟大家分享她的見

解。她說，在一般情況下（只有她自己知道那是什麼意思），收到紙條的女子人數，大約等於參與賽局的女子人數開平方根。我沒有追問那個開平方根的公式，因為我不想失去演講的主導權。不過，為了表示對她的尊重，假設確實有5名女子收到紙條。（沒錯，我知道30開平方根比5大。但別忘了，女子人數只能是整數。）在這種情況下，每名女子平均收到6張紙條，但這並沒有告訴我們紙條怎麼分配。現在，收到紙條的女子必須選出她們最喜歡的男子，與他配對，帶他到屋頂，那裡正為配對成功的佳偶，舉辦盛大的派對。

他們離開房間後，剩下25個男人與25個女人，以同樣的方式繼續進行這個賽局。

要不是因為人類擅長壓抑，那些留在房間裡的人經過剛剛那場賽局後，應該已經情緒很低落了。這時，房間裡的所有男人都知道，他們已經無法配對到真正心儀的女子，因為她不喜歡他，而且很可能已經在樓頂與她挑選的男人共舞了。所以現在我有機會給大家上一課簡單的心理學，這門課很簡單，但寓意深遠。它的基本概念是：「每次有朋友成功了，我的內心

就死去一點點。」好，課程結束！留在房間裡的女人也有理由感到情緒低落，因為她們知道並沒有男人真正想選擇她們。畢竟，獲得首選的女子現在正在屋頂上開派對，這實在太令人傷心了。幸好，大家都很擅長壓抑，因此賽局繼續進行，彷彿沒發生過不愉快的事似的。

現在，剩下的25個男人，傳紙條給他們從25個女人中看上的對象。假設11個女人收到紙條，她們各自選出自己最喜歡的男人。賽局的人數再次減少，並持續進行到房間裡沒有人為止。

所以，這個故事最後組成了30對完美的組合。目前看來，一切都很清楚簡單。但真的是這樣嗎？

其實不然。為了顯示這個賽局的複雜性，我親自參與了賽局。我走進房間，看到一位美女坐在參選者之中，我喜出望外。我們姑且稱那位美女是A。我當然喜歡她，因此直覺判斷，把我的紙條傳給她是好主意。但我真的該那樣做嗎？我回想起納許的朋友在那家酒吧的悲慘遭遇，覺得我應該三思。如果我那麼喜歡她，其他男人肯定也很喜歡她，這表示她不止會收到我的紙條，可能全部30個男人都會把紙條傳給她。

因此，她會反過來選我的機率其實微乎其微。我可能遭到拒絕，並進入第二輪，那時我會把紙條傳給我的第二選項B。同樣的，我很有可能無法獲得B的芳心，因為被A拒絕的多數男人現在也都看上可愛的B。於是，我可能繼續失落，直到最後終於落入Z的懷抱。

好的，現在大家都了解我的意思了。所以我該怎麼玩這種賽局？最合理的策略是什麼？它的關鍵是什麼？如果挑選第一選項太冒險，也許我在第一輪應該妥協一下，直接選D，也就是我的第四選項。

猶太人有句諺語說：「如果一開始不稍微妥協，最後只能做出很大的妥協。」

那就這麼決定了：我選D。且慢！萬一每個人都知道我剛剛給你們的建議，也因此都稍做妥協，把紙條傳給順位後面一點的選項，那怎麼辦？這種情況下，A可能沒收到任何紙條。如果我不把握**那個**良機，就太可惜了。你還記得電影中，納許是如何說服朋友放棄金髮美女，好讓自己有機會接近美女的嗎？

重要建議：做決定以前，先自問，如果每個人的想法都跟你一樣，那會發生什麼。同時也切記，不是

每個人的想法都跟你一樣。

　　事實上，這可能發展出另一個更有趣的情境。假設房間裡的所有男人都上過賽局理論、決策，甚至多變數最適化（multivariable optimization）的課程，只有一個叫強尼的人沒上過這些課。他們為了怎麼做決定，忙著做複雜的運算。他們告訴自己：「我不該傳紙條給A。因為基於上述原因，她不會選擇我，我會被降到第二輪，到時候也不好過。」以此類推。所有的男人都這樣想，但強尼沒想那麼多。他不擅權衡，直接環顧四周，看到A，覺得A很美，就決定傳紙條給A。事實上，強尼也因此和A配對成功了，只因為他是唯一向A傳紙條的人（順道一提，這個故事也可以解釋一些你可能認識的奇怪情侶組合）。

　　沒錯，強尼之所以贏得美人心，正是因為他沒有想太多。我為高階管理者上課時，喜歡讓他們看同類型的經濟模型。在那些模型中，最不聰明的參與者（我扮演那個角色）與比較聰明的參與者（高層主管）競爭時，不聰明的人獲利最高。

水牛、母獅與納許均衡

　　現在似乎是定義賽局理論的最基本概念——納許均衡的好時機。且讓我先提出稍微不精確的定義（稍微不精確，有時有助於避免冗長的解釋）：

　　納許均衡是假設所有的參與者只能控制自己的決定，任何參與者都無法藉由改變當前的策略而受益的情況。

　　換句話說：

　　納許均衡是假設所有的參與者只能控制自己的決定，即使他們提前知道其他參與者的策略，他們也不會改變自己決定的一組策略。

　　例如，上述擇偶賽局中的妥協策略就不是納許均衡。因為如果所有的參與者都妥協，你就不該妥協。事實上，你應該把紙條傳給A。

　　我相信，聰明的讀者也已經發現，如果所有的參

與者都把紙條傳給 A，那也不是納許均衡。

那麼，前面提過那個晚餐平分帳單的例子呢？點便宜的菜是納許均衡嗎？點昂貴的菜呢？如果每個人都點菜單上最貴的菜，那是納許均衡嗎？好好想一想，直到你確定答案為止。

最後，還有一個例子可以說明納許均衡的概念，那是來自動物行為的領域。談論動物似乎比較簡單，因為某種程度上，動物看似理性。也就是說，除了人類以外的所有動物通常是理性行動的。這也是為什麼分析人類行為，比分析其他物種的行為來得困難。

這個例子源自我偶然在電視的科學頻道上，看到的場景：一隻母獅攻擊一群水牛，那群水牛約有100隻。令人意外的是，那群水牛全部逃離了攻擊者。我跟任何聰明人一樣，不禁自問，牠們為什麼要跑？100隻水牛顯然比一隻母獅更有氣勢。牠們只要轉身，朝母獅的方向奔馳過去，不久母獅就寡不敵眾了。

我很納悶，牠們為什麼不這麼做？但我馬上想到納許。逃離母獅是納許均衡的絕佳例子。且聽我解釋：假設所有的水牛都逃離母獅，只有一隻水牛（姑且稱牠為喬治）心想：「科學頻道正在拍我，這個節目

收視率很高（喬治是大草原上的水牛，所以不太懂收視率），我不能被拍到逃跑的樣子，萬一以後我孫子看到怎麼辦？」（如果喬治跟我很像，牠可能也擔心母親會看到。）於是，喬治決定轉身，猛烈攻擊那隻母獅。牠做了明智又正確的決定嗎？絕對不是。這個決定不僅錯了，也是喬治這一生最後的決定。母獅一開始看到喬治衝過來，確實很驚訝，但牠馬上回過神來，幾分鐘後，喬治就掛了。所以，整群水牛逃離母獅時，最佳策略就是跟著跑，這個策略不能變！因此，在這種情況下，逃跑是納許均衡。

現在，讓我們假設水牛群決定反擊母獅，這不是納許均衡。因為如果水牛提前知道水牛群要攻擊母獅，**沒**加入反擊的水牛顯然會受益。畢竟，即使整群水牛進攻母獅，其中一些水牛仍有受傷、甚至死亡的風險。因此，我們可能會看到另一隻叫雷金納的水牛在牛群後方，對著那些衝出去攻擊的夥伴大喊：「我的鞋帶鬆了，沒辦法加入攻擊，你們先上吧！別管我！」雷金納因為沒去冒險而受益了。

逃離母獅**是**納許均衡。一旦所有水牛都逃離，每隻跟著一起逃跑的水牛都受益了，前提是牠只能決定

自己的行為。這確實是我們常在大自然中看到的情況。相反的，攻擊母獅則**不是**納許均衡，因為大家都進攻時，這是你繫鞋帶的絕佳時機。這也是我們在大自然中很少看到這種反擊策略的原因。

那單一恐怖分子或一小群恐怖分子設法劫持一架載有很多乘客的飛機時，會不會發生類似的情況？

二戰的紀錄片一再顯示一種場景：一排又一排的德國戰俘在雪地裡行走，只有兩個懶散的蘇聯紅軍士兵看管他們。我常納悶，這些德國俘虜為何不襲擊那兩個看管他們的士兵？難道紅軍士兵曾向那些德國戰俘解釋，攻擊他們是偏離納許均衡嗎？（儘管當時納許還沒想出這個理論。）別忘了，德國戰俘雖然被禁止說話，但他們仍能控制自己的決定。

納許均衡的好處是，很多賽局，無論起點是什麼，最終都是以納許均衡點結束。某種程度上，這與納許均衡的定義（參與者一旦達到、就會持續維持的穩定局面）密切相關。當然，這只有在無外界干預，以及其他的參與者不受影響下，才能實現。

那麼，我們要怎麼解釋鬣狗的行為？牠們的行為與水牛截然不同，鬣狗常成群攻擊落單的獅子或其他

比牠們更大、更壯的動物。然而，攻擊一頭獅子恐怕對鬣狗無益。也就是說，這種行為或許對整群鬣狗有益，但是對獨自做決定的每隻鬣狗來說，停下來繫鞋帶對自己比較有益。所以，牠們為什麼會聯合起來攻擊獅子？牠們是如何聯合起來的？這個問題一直令我困惑不解，因為鬣狗的行為彷彿牠們從來沒聽過納許均衡似的……那實在太無知了！

科學頻道再次幫了我一個忙。一部紀錄片顯示，一群鬣狗在外出狩獵以前會先圍成一圈，接著一起擺動身體，同時一邊嚎叫並發出其他聲音，就像籃球隊那樣。牠們讓自己進入欣喜若狂的狀態，口角起沫並發動攻擊。也就是說，牠們是在已經無法選擇背叛下才一起進攻。因為一旦你對某事陷入欣喜若狂的狀態，你不會背叛同伴……這是事實。這也許可以解釋遠古部落的狩獵舞與戰舞的起源。如果一群人決定獵殺一頭大象、甚至是猛獁象等更可怕的動物，他們會先讓自己陷入欣喜若狂的狀態。否則，每個人自然會自問：「猛獁象？算了吧，情況可能變得一團糟。不要用箭射牠，收起長矛吧，不值得這麼做。」但要是每個人都這麼想，他們永遠都無法獵捕到美味的猛獁

象，恐怕會餓死。人類需要合作，所以他們像鬣狗那樣，圍成一圈，手持長矛起舞，進入欣喜若狂的狀態，然後去狩獵。

不過，我們也應該謹記一點：不僅對人類來說，事情永遠不像乍看起來那麼簡單，對動物來說也是如此。2008年，YouTube上最熱門的影片之一是《克魯格之戰》（*Battle at Kruger*）。那是一段業餘玩家拍攝的影片，內容是一群非洲母獅把一隻小水牛從水牛群中孤立出來，並把牠逼入河中，以便盡情享用小水牛。就在那群母獅合力把小水牛拖離河岸時，一隻鱷魚從河裡衝出來，試圖抓走可憐的小水牛。母獅反擊，合力奪回小水牛。但就在小水牛快變成母獅群的下午茶以前，水牛群回來了！牠們群起攻擊母獅，驅趕母獅，救出小水牛，為水牛群劃下圓滿的結局。

這個故事該怎麼解釋？我也不知道，因為水牛很少接受媒體採訪。

總之，我們應該永遠謹記底下這句警世建議（尤其是你繼續閱讀本書的時候）：

大多數的事情比看起來還要複雜，即使你認為你懂這句話也一樣。

每個參加賽局的人，都該問的問題

　　我們回頭談擇偶問題。每個參加擇偶賽局的人都應該自問一個問題：我的目標是什麼？我希望從這個賽局中得到什麼？事實上，參加任何賽局時，都應該自問這個問題。

　　在確定策略以前，知道你的目標非常重要。我常看到一些人沒有定義目標就去參加賽局了。切記《愛麗絲夢遊仙境》中，柴郡貓（Cheshire Cat）對愛麗斯說過的話：如果你不在乎去哪兒，那麼你走哪條路都無所謂。在選擇策略或道路時，目標是最重要的。例如，在擇偶遊戲中，如果一位參與者依循切薩雷・波吉亞（Cesare Borgia）原則（亦即「要麼我稱王，其餘免談」；按：這是政治陰謀家波吉亞的個人格言），也就是說，不管怎樣，他都要A。那麼，他的策略就很明顯了。他應該把紙條傳給A並努力祈禱，別無他法。如果他不把紙條傳給A，他絕對不可能與A配對，絕對達不到目標。

有這種效用函數*（utility function）的玩家喜歡冒險。相反的，如果一個玩家的目標只是最後不要跟 Z 配對就好（也就是說，跟誰配對都好，就是不要跟 Z 配對，他是趨避風險的玩家），那麼他的可選策略也很清楚。假設在配對意願表上，Y 的排名比 Z 高一層，這個趨避風險的玩家一開始就應該把紙條傳給 Y，亦即在第一輪就這麼做。當然，事情總是比乍看之下還要複雜。萬一其他參與者的效用函數也是「除了 Z 以外，任何人都好」，那該怎麼辦？在那種情況下，Y 會出乎意料收到一堆紙條（並納悶自己怎麼突然變得那麼搶手）。

這個賽局究竟該如何進行並不清楚，而且連它的基本假設也不容易用語言表達。比方說，男人對女人的品味如何分布？在兩種極端的情況下，所有的男人要麼給所有的女人都一樣的排名，要麼就是排名完全混亂。當然，這兩種假設都不切實際。實際的分布必然是介於兩者之間。還有，男性的自尊該如何納入考

---

* 效用函數是一種偏好的衡量，它會賦予每個可能的結果一個數值，稱為「效用」。因此，越喜歡的結果，效用值較高。而不同的人，會有不同的效用函數。

量？此外，男人願意冒險的程度又是如何分布？簡言之，在我們開始用數學方式解開這個賽局以前，我們需要做很多的準備工作，也需要考慮很多的未知因素。

《聖經》說，上帝用7天的時間創造出整個世界。根據猶太人的傳統，此後上帝就開始忙著配對男女。可想而知，要確保每個人都找到合適的伴侶有多難。不過，既然上帝參與其中，隧道的盡頭終究會出現曙光。

穩定婚姻問題：夢中情人、外遇與諾貝爾獎

媒婆的挑戰

柔依是媒婆，手上有200個客戶，分別是100位男性與100位女性。每位女性都交給柔依一份男性偏好名單，按順序排列那100位男性。位居榜首的是「白馬王子」，後面的偏好一路遞減到第100名。柔依的100位男性客戶也各有一份類似的名單，他們把那100

位女性按偏好排列，並把名單交給柔依。

　　柔依需要為每位客戶配對一位異性，並確保他們結婚，共組家庭，從此過著幸福快樂的生活。顯然，有些客戶無法與他們的首選配對在一起。如果名單上的一位男性被兩位或更多女性列為首選，肯定有女人必須退讓。然而，即使沒有男人同時被多個女人選為完美伴侶，也沒有女人同時受到多個男人的青睞，這也無法保證所有客戶皆大歡喜。

　　以下面的例子來說（為簡單及方便示範，我把故事簡化成只有三位男性與三位女性）。

　　男性的選擇如下：

- **榮恩**：妮娜、吉娜、洋子。
- **約翰**：吉娜、洋子、妮娜。
- **保羅**：洋子、妮娜、吉娜。

　　女性的選擇如下：

- **妮娜**：約翰、保羅、榮恩。
- **吉娜**：保羅、榮恩、約翰。

- **洋子**：榮恩、約翰、保羅。

在上面的例子中，每位男性的首選都不一樣，每位女性的首選也不一樣。但這裡不僅沒有天作之合，而且還有理由擔心，我相信你應該知道為什麼。

事實上，只有男女雙方都是對方首選時，這對配偶才會幸福快樂，皆大歡喜。比方說，如果保羅愛吉娜，吉娜也愛保羅；假如妮娜為榮恩痴迷，榮恩也愛戀妮娜；假設約翰是洋子的白馬王子，洋子是約翰的夢中情人。在這種情況下，我們可能得到以下的偏好表。

男性的選擇如下：

- **榮恩**：妮娜、吉娜、洋子。
- **約翰**：洋子、妮娜、吉娜。
- **保羅**：吉娜、洋子、妮娜。

女性的選擇如下：

- **妮娜**：榮恩、約翰、保羅。

- **吉娜**：保羅、榮恩、約翰。
- **洋子**：約翰、榮恩、保羅。

但要是三位男性都選擇同一女性，那是什麼情況？

男性的選擇如下：

- **榮恩**：妮娜、吉娜、洋子。
- **約翰**：妮娜、吉娜、洋子。
- **保羅**：妮娜、洋子、吉娜。

你認為柔依該怎麼做？

或者，如果三位女性交出來的名單完全一樣，那該怎麼辦？

女性的選擇如下：

- **妮娜**：榮恩、約翰、保羅。
- **吉娜**：榮恩、約翰、保羅。
- **洋子**：榮恩、約翰、保羅。

柔依可能會遇到很多麻煩……

現在假設有10位女性與10位男性。你覺得怎麼做比較好：讓更多人配對到他的首選或至少第二選項，還是盡量避免讓人配對到最後的選項？

這個問題沒有明確的答案。

然而，柔依是個務實的女人。她知道配對並不保證皆大歡喜，所以她為自己設了比較保守的目標。她的挑戰是讓配對成功的人盡可能穩定下來，不會有人出軌背叛對方。

實務上來說，這意味著什麼？為了防止出軌，柔依必須確保配對的組合在婚姻外沒有很強的誘惑。保羅與妮娜、榮恩與吉娜就是很好的例子。假設保羅喜歡吉娜的程度，更勝於他的妻子妮娜。**而且**吉娜喜歡保羅的程度，更勝於她老公榮恩。上述的組合導致出軌變得無法避免。注意，如果保羅喜歡吉娜更勝於妻子妮娜，但吉娜只愛她老公榮恩，而不愛保羅，她會直接拒絕保羅的示愛。

順道一提，要是保羅喜歡吉娜的程度更甚於妻子妮娜，而吉娜對保羅也有同樣的感覺，她也不喜歡自己的老公榮恩。這時，如果榮恩喜歡妮娜的程度更勝

於吉娜，而妮娜喜歡榮恩的程度更勝於保羅，這個問題就能輕鬆解決了。我們只要拆散原來的配對（保羅與妮娜、榮恩與吉娜），並重新組成兩對更快樂的全新伴侶就好了：榮恩與妮娜、保羅與吉娜。

保證不會有人出軌的配對演算法

1962年，著名的美國數學家及2012年諾貝爾經濟學獎的得主羅伊德·夏普利（Lloyd Shapley），與已故的美國數學家兼經濟學家蓋爾（我們在前面的巧克力賽局提過他），證明了一件事：如何把同樣人數的男人與女人配對在一起，而且保證不會有人出軌。這裡需要先強調一點：他們的演算法並不保證幸福，只保證穩定。因此，有可能妮娜嫁給保羅，但她還是想著約翰，只是演算法確保約翰愛他的妻子更勝於妮娜。這並不表示約翰的婚姻很幸福，他也有可能想著其他的女人。但即使這樣，這個演算法也確保那個女人比較愛她的老公，而不是約翰，依此類推……

蓋爾一夏普利演算法很簡單，而且包含有限次數的反覆運算（輪次）。我們來看四位男性與四位女性的

例子。這四位男性分別是布萊德・彼特（Brad Pitt）、喬治・克隆尼（George Clooney）、羅素・克洛（Russell Crowe）、丹尼・狄維托（Danny DeVito）。四位女性分別是史嘉蕾・喬韓森（Scarlett Johansson）、蕾哈娜（Rihanna）、綺拉・奈特莉（Keira Knightley）、阿德瑞娜・利瑪（Adriana Lima）。這個演算法適用於任何相同人數的男性與女性配對。

下表是男性的偏好：

	1	2	3	4
布萊德	史嘉蕾	綺拉	阿德瑞娜	蕾哈娜
喬治	阿德瑞娜	蕾哈娜	史嘉蕾	綺拉
丹尼	蕾哈娜	史嘉蕾	阿德瑞娜	綺拉
羅素	史嘉蕾	阿德瑞娜	綺拉	蕾哈娜

下表是女性的選擇：

	1	2	3	4
史嘉蕾	布萊德	羅素	喬治	丹尼
阿德瑞娜	羅素	布萊德	丹尼	喬治
蕾哈娜	布萊德	羅素	喬治	丹尼
綺拉	布萊德	羅素	丹尼	喬治

與其解釋演算法，不如讓我示範它實務上怎麼運作。

　　在第一輪中，每位男性向他的首選女性示愛。所以，布萊德與羅素都去找史嘉蕾，丹尼去找蕾哈娜，喬治打電話給阿德瑞娜。

　　接著，每位女性選擇她的首選男性。也就是說，如果有一個以上的男性追她的話，她會挑首選。但若只有一位男性追求她，即使那個男性的排名較低，她也會接受他。萬一沒人追，她在這輪仍是單身。因此史嘉蕾選擇布萊德，因為她給布萊德的評價高於羅素。

　　現在看看配對成功的情侶。切記，這只是暫時的，他們只是訂婚，而不是結婚。

布萊德—史嘉蕾；喬治—阿德瑞娜；丹尼—蕾哈娜

　　在第二輪中，那些還沒配對的男性，向其名單上最前面但沒拒絕他的女性示愛。唯一還沒配對的男性是羅素（他碰巧在霍華德的電影中，扮演諾貝爾經濟學獎得主納許），於是他向阿德瑞娜示愛。由於阿德瑞

娜喜歡羅素的程度更勝於喬治，因此她取消了與喬治的訂婚，同時宣布與羅素訂婚。現在，我們有以下幾組配對：

布萊德一史嘉蕾；羅素一阿德瑞娜；丹尼一蕾哈娜

現在唯一單身的男性是喬治（世事無常，塵世繁華，轉眼即逝啊！）他向蕾哈娜求愛，蕾哈娜欣然接受了。因為喬治在她的名單上排在丹尼前面（他也比丹尼高）。於是，現在的配對如下：

布萊德一史嘉蕾；羅素一阿德瑞娜；喬治一蕾哈娜

丹尼現在單身了，他去找史嘉蕾，但她比較喜歡布萊德，所以這一輪什麼也沒變。之後，丹尼去找蕾哈娜，但她和喬治在一起很滿足。丹尼很沮喪，即將陷入危機，他去找綺拉，綺拉展開雙臂，擁他入懷。綺拉已經單身太久了，所以即使是丹尼，她也覺得很好。

等到所有男性都訂婚（顯然在這個階段，所有女

性也訂婚了，因為這兩組的人數一樣），演算法就結束了。因此，最終的配對名單如下：

布萊德—史嘉蕾；羅素—阿德瑞娜；喬治—蕾哈娜；丹尼—綺拉

從此他們過著幸福快樂的生活（或至少很穩定）。

以蓋爾—夏普利演算法配對的婚姻會很穩定，這是一個大家很容易接受的概念。但是為了排除所有的疑慮，我們來證明這點。如果你不太喜歡邏輯分析與證明，而且你也相信蓋爾—夏普利演算法無論如何都有效，那你可以直接跳到下一章。

很高興你還在這裡，我們開始證明吧。

這個證明是由三步驟組成：（1）我們會看到演算法結束；（2）我們會證實每個人都配對成功（這是好消息，對吧？）；（3）我們會證明配對很穩定。

1. 顯然，這個演算法不會無限延續下去。在最糟的情況下，所有男性都向每一位女性示愛。

2. 顯然，訂婚的男性人數總是等於訂婚的女性人

數。而且，一位女性一旦訂婚，她會一直維持訂婚的狀態（即使訂婚對象不是同一位男性）。此外，在流程的最後，任一組都不可能有人維持單身。簡言之，只要榮恩把妮娜放在自己的名單中（即使她是他的下下之選），那麼就算其他的男性都不選妮娜，榮恩最後也會選她。如此一來，這個演算法確保所有人都能成功配對。

3. 這個運算法也確保這些配對穩定嗎？是的，我們會證明這點。假設洋子是約翰的妻子，妮娜是保羅的妻子。有沒有可能洋子比較喜歡保羅，而保羅喜歡洋子的程度也勝於自己的妻子？這種動態可能使這兩對夫妻接近出軌的邊緣。

底下，我們假設這種情況**是可能的**，接著遇到障礙（亦即邏輯上的矛盾），因此證明上述情況不可能發生。

我們假設有一種不穩定性：現在有兩對伴侶——保羅與妮娜、約翰與洋子。但保羅喜歡洋子，洋子也

喜歡保羅，他們對彼此的喜愛更勝於現任的伴侶。根據這個演算法，保羅與妮娜交往前，應該先去找洋子（因為照我們的假設，在他的最初名單上，洋子的排名比妮娜高）。現在可能出現兩種情況：（1）洋子接受保羅；（2）洋子拒絕保羅。

如果出現（1），為什麼洋子沒和保羅結婚？那是因為她選擇了排名比較前面的人（約翰或其他人）。總之，如果她現在和約翰在一起，這表示約翰的排名比保羅高。這就是剛才提到的邏輯矛盾。如果出現（2），洋子拒絕保羅，因為她有更好的男人（約翰或任何人）。但現在她和約翰在一起，就證明了約翰的排名比保羅高，由此可見最初的假設是矛盾的。

總之，演算法結束了，每個人都有配偶，而且這些配對是穩定的。

如果女性都根據自己的偏好選擇男性，那會是什麼情況？前面的演員例子會得出一樣的配對，因為這裡只有一對穩定的配對。

然而，情況不會總是如此。如果不止一對夫妻不穩定，當女性做出選擇時，就會形成不同的配對。

「說愛情中有糟糕的選擇是錯的。因為只要有選擇，那一定很糟糕。」

——普魯斯特

性別之戰：第二輪

現在回到本章一開始舉的例子，並提醒我們每個性別的偏好：

男性的偏好如下：

- **榮恩**：妮娜、吉娜、洋子。
- **約翰**：吉娜、洋子、妮娜。
- **保羅**：洋子、妮娜、吉娜。

女性的偏好如下：

- **妮娜**：約翰、保羅、榮恩。
- **吉娜**：保羅、榮恩、約翰。
- **洋子**：榮恩、約翰、保羅。

稍微想一下就可以清楚看出，這個例子只需要配對一輪。男性向他們的首選傳紙條，就會形成以下配對：榮恩－妮娜、約翰－吉娜、保羅－洋子，配對就這樣結束了。顯然，他們都很穩定，因為所有的男性都找到夢中情人。對男性來說，這是最適方案。然而，每個女性都配上她們的最後選擇，她們不可能開心。

　　如果換成由女性向男性傳紙條，第一輪會產生以下配對：洋子－榮恩、吉娜－保羅、妮娜－約翰。同樣的，每位女性都配上她們最喜歡的男性，但男性不得不和自己的最後選擇共度餘生。

　　因此，我們知道，這種賽局對第一輪中的主動示愛者（傳紙條的人）有利。

　　（另外，這裡還有另一組穩定的配對：妮娜－保羅、吉娜－榮恩、洋子－約翰。讀者可以檢驗一下他們的穩定性。也就是說，檢驗他們會不會出軌。）

足球員配對

　　蓋爾－夏普利演算法並不複雜，但也不是微不足

道。如果我們放棄兩性假設，假設四名足球員在一場重要比賽前，需要兩人睡在同一個房間裡。但關於挑選合適的室友，我們可能找不到穩定的方案。

以下是足球員與他們的偏好：

	1	2	3
羅納多	梅西	貝利	馬拉多納
梅西	貝利	羅納多	馬拉多納
馬拉多納	羅納多	梅西	貝利
貝利	羅納多	梅西	馬拉多納

看這張表，你就會發現，這裡沒有穩定的配對。

諾貝爾獎得主是……

許多地方可以套用蓋爾－夏普利演算法，最有名的應用，是醫學院的畢業生向醫院申請實習資格。我想，你應該已經猜到，醫院在這種賽局中握有先選權（這個議題的某些法律訴訟仍在審理中）。而「穩定婚

姻」概念的另一個重要應用，是在網際網路服務中，把用戶分配到不同的伺服器。

2012年，艾文・羅斯（Alvin E. Roth）與夏普利因穩定配置理論（Theory of Stable Allocations）及市場設計實踐（Practice of Market Design，這是以蓋爾—夏普利演算法為基礎），榮獲諾貝爾經濟學獎。

蓋爾於2008年去世，因此未能獲獎。而羅斯為蓋爾—夏普利演算法找到其他重要的應用，因此獲得諾貝爾獎。此外，羅斯也是新英格蘭腎臟交換計畫（New England Program for Kidney Exchange）的創始人。

古羅馬角鬥士賽局

　　古羅馬角鬥士賽局是我最喜歡的賽局之一。我在教授機率或賽局理論時，都會舉它為例。這個高難度的賽局適合真正熱愛數學的人。

　　這個賽局是這樣的：有兩組古羅馬角鬥士，分別是A組雅典人（Athenians），以及B組野蠻人（Barba-rians）。假設A組是由20位古羅馬角鬥士組成，B組是由30位古羅馬角鬥士組成。每個角鬥士都有一個正整數的號碼，號碼代表角鬥士的力量大小（假設是他可舉起的公斤數）。這些角鬥士以決鬥的方式較勁，他們的獲勝機率如下：力量100的角鬥士對抗力量150的角鬥士時，他的勝算是100除以100+150。因此，角鬥士的力量越大，勝算越大。如果決鬥的兩個角鬥士力量

相當，當然他們的勝算都是50%。但若兩者之間的差距越大，較強角鬥士的勝算就越大。

　　每組都是由一位教練負責決定角鬥士出場的順序，但他只有一次決定的機會。教練可以把最強的角鬥士排在第一個，也可以把他排在最後出場。但不管怎樣，決鬥的獲勝者會回到隊尾，等待下次再輪到他出場——你不能讓最強的角鬥士一直上場。一場決鬥結束時，輸家即退出比賽，贏家會吸收輸家的力量。也就是說，如果角鬥士130擊敗角鬥士145，角鬥士145即退出比賽，角鬥士130則更名為角鬥士275。一旦有參賽組用完所有的角鬥士，賽局就結束了，那組自然宣告輸了。

　　所以，最好的策略是什麼？該怎麼安排角鬥士的出場順序？（在讀下去以前，先花點時間思考一下。）

　　答案令人驚訝：你完全不需要教練。角鬥士出場的順序完全無法改變獲勝的機率。獲勝的機率等於一組角鬥士的力量總和，除以兩組角鬥士的力量總和。

　　證明給我看！（**提示**：不要從一般情況開始看！那很難。先從一個雅典角鬥士與兩個野蠻角鬥士開始看起，接著看兩個雅典角鬥士與兩個野蠻角鬥士的情

況下，會發生什麼……我希望你能看出一個模式。你
也可以試著用歸納法來解這個問題。）

　　我不會說這個練習，為團隊運動的教練提供什麼
重要的見解。顯然，教練很重要，但有時教練的重要
性有點高估了。

第 6 章

黑幫老大與
囚犯困境

我以這一章來說明，賽局理論領域中最熱門的賽局：囚犯困境。我們會檢視這個賽局的每個面向，包括囚犯困境的重複版，並學到一個重點是：自私自利不僅是道德問題，在很多情況下，也是不智的策略。

賽局理論中最著名且最熱門的賽局是囚犯困境。它是從1950年代，數學家梅爾文·德雷希爾（Melvin Dresher）與梅里爾·弗勒德（Merrill Flood）為軍事戰略智庫蘭德公司（RAND）做的一項實驗演變而來。而這個賽局的名稱是來自1950年，阿爾伯特·塔克（Albert Tucker）在史丹佛大學心理系演講時，談到那個實驗所講的故事。後來有無數的文章、書籍、博士論文探討這個主題。我想，即使在學術界以外，也很少人從未聽過這個賽局。

該沉默，還是背叛？

底下是囚犯困境的常見版本：假設有兩個人，姑且稱為A與B。他們被逮捕後，遭到拘留。警方懷疑他們犯了可怕的罪行，但仍找不到確鑿的證據。因此，警方需要偵訊他們，最好讓他們各自講彼此的狀況。現在檢察官告訴A與B，如果他們都決定保持沉默，兩人都會因為入室竊盜或其他輕罪等較輕的指控而服刑1年。檢察官向他們提議：只要其中一人背叛

另一人，他可立即獲釋，但另一人將因如今可證明的罪行服刑20年。如果雙方都指控對方有罪，他們兩人都會判18年徒刑（因協助起訴而減刑10%）。A與B被分開拘留，他們必須在不知道對方的決定下做決定，也就是說，他們做出不可逆的決定後，才會知道對方的決定。

下表總結了這個賽局的規則（數字是坐牢年限）：

		囚徒 B	
		沉默	背叛
囚徒 A	沉默	1，1	20，0
	背叛	0，20	18，18

數學家稱這種圖表為「賽局矩陣」，他們不喜歡用「表格」或「圖表」之類的說法，以免一般人了解它的意涵。（但願這種事不會發生！）

坦白講，目前為止，這個故事聽起來似乎很無聊，為什麼會有那麼多人撰文探討它也令人費解。但是，一旦我們開始思考它該怎麼進行，就有趣起來了。乍看之下，結論很清楚：他們應該都保持沉默，花納稅人的錢坐牢一年，這樣比因坐牢表現良好而假

釋出獄快多了，故事就此結束。但是，如果事情那麼簡單，就不會有人關心囚犯困境了。事實上，這裡任何情況都有可能發生。

為了真正了解困境，先站在A的角度思考一下：

我不知道B可能說什麼或已經說了什麼，但我知道他只有兩個選擇：沉默或背叛。如果B保持沉默，我也保持承諾，我會坐牢一年。但我背叛他的話，則可一走了之！我的意思是說，如果B決定閉口不談，我就拋棄他。我應該犧牲他才對。

相反的，如果B放棄我，而我保持沉默，我會被關到地老天荒，20年實在太久了。所以，如果他招了，我也應該招供，那樣只需關18年，比20年好一些，不是嗎？

嘿！我知道了！不管怎樣，背叛都是我的最佳選擇，反正我要不是不必坐牢，不然就是少坐牢兩年。兩年等於提早730天出獄！天哪，我真聰明！

誠如前述，這是一個對稱的賽局，也就是說，雙方是平等的。這表示B當然也會在一間牢房裡做同樣

的盤算，並得出相同的結論。B也會發現背叛是他的最佳選擇。這告訴我們什麼？賽局的兩個參與者都很理性，只想到自己，但結果卻對雙方都很糟，賽局的規則讓他們都坐牢18年。我甚至可以想像，一年後，A與B在監獄的操場上走動時，以奇怪的眼神看著對方，搔著頭，心裡納悶：「這是怎麼回事？太奇怪了。要是我們更了解囚犯困境的概念及其運作方式，現在我們已經出獄了。」

A與B哪裡做錯了？他們真的錯了嗎？畢竟，如果我們照著他們的邏輯思考，可以說他們都沒做錯：他們都選擇先顧及自己的利益，因此發現不管對方怎麼做，背叛都是他們最好的選擇。所以他們都背叛對方，結果兩人都得不到好處。事實上，他們虧大了。

聰明的讀者現在應該已經發現，這個結果：賽局的參與方採用背叛策略，並因此付出代價（18，18），也是納許均衡。

納許均衡是一組策略，事後沒有玩家會後悔他自己選擇的策略與結果。（切記，玩家只能控制自己的決定。）

也就是說，如果另一位參與者選擇背叛，我也應

當那樣做。這個（18，18）的結果是納許均衡，因為一旦兩個參與者都選擇了背叛策略，如果其中一人在最後一刻決定保持沉默，他會坐牢20年，而不是18年。他會輸了賽局，也為自己的舉動後悔莫及。與此同時，他不會後悔他選擇了背叛策略，而那就是納許策略。所以問題不在於輸贏，而是在知道對方的選擇下，不後悔自己的選擇。

相反的，沉默並不是納許策略，因為如果你知道對方選擇沉默，你背叛他，你的結果會更好：你不必坐牢，這樣做比你選擇沉默的收益更大。這個案例顯示，納許策略可能不是明智的，因為你原本可能只需坐牢1年，結果納許策略導致你被關了18年。事實上，囚犯困境裡蘊含了個體理性與集體理性之間的衝突。每個人做出對自己最好的選擇，但對整個群體來說卻是兩敗俱傷。

當參與者做出對自己最好的選擇，完全不考慮他的行為對其他參與者的影響，最後的結果對所有人來說可能是災難。很多情境下，自私自利的行為不僅有道德問題，也是不智的策略。

所以，我們該如何解決這個難題？

這裡有一個選擇：假設A與B都不是普通的囚犯，而是來自凶悍的黑幫。他們宣誓加入黑幫那天，黑幫老大就警告他們：「你們可能聽過囚犯困境，甚至讀過相關的科學論文。所以現在我必須告訴你們，我們這個幫派不容許背叛策略。要是你敢背叛幫派的弟兄……」他的聲音近乎低語，「你必須保持沉默很久……我的意思是，久到地老天荒。你不會是唯一這樣做的人，因為我們的人會讓你在乎的人都保持沉默，永久地沉默。你也知道，我喜歡沉默的聲音。」

得知這段資訊後，困境基本上就消失了。兩個囚徒都會保持沉默，甚至因此受益，因為他們只需坐牢一年。這表示，整體來看，如果我們把選項減少，結果其實更好。這與一般觀點互相矛盾，一般認為選擇越多往往越好。所以黑幫老大命令下屬裝聾作啞時，結果對兩個犯人都好，雖然這對警方與奉公守法的公民不利。

另一個可解決囚犯困境、而且可合法執行協議的例子，是使用匯票。匯票是商業界的一種工具。交易方A開了一張票據，要求其銀行付一筆定額給B。但付款條件是，B的出貨完全符合A與B簽署的提貨單。

所以，交易方Ａ允許銀行監督他與交易方Ｂ。一旦Ａ把錢存入銀行，他就無法欺騙（背叛）Ｂ了。因為只有銀行能決定Ｂ的貨物是否符合提貨單，而不是由Ａ決定。然而，萬一交易方Ｂ決定欺騙（背叛），他一毛錢也拿不到。如果Ｂ遵循協議（沉默），發貨符合Ａ與Ｂ雙方的協議，Ｂ就可以收到全款。

在現實生活中，大家常面臨類似的困境。而且結果顯示，無論在現實生活中，還是在模擬賽局中，大家其實很容易相互背叛。

連作曲家賈科莫‧普契尼（Giacomo Puccini）也在歌劇《托斯卡》（*Tosca*）中，納入囚犯困境的典型狀況：最後以雙方相互背叛結束。邪惡的警長斯卡比亞（Scarpia）向托斯卡承諾，如果她願意和他上床，他就不會殺害她的愛人，只會使用空包彈。但他們都背叛了彼此，托斯卡用刀刺傷了斯卡皮亞，而斯卡皮亞用真的子彈射殺了托斯卡的情人，最後托斯卡自殺了。多麼經典的歌劇結局啊！還有那音樂！

在囚犯困境中（也許《托斯卡》中也是如此），即使參與者同意不背叛對方（因為他們都熟悉這種困境），他們可能還是很難遵守協議。假設兩個囚犯被分

開拘禁以前，他們都知道會面臨囚犯困境，並決定，即使有人對他們做出那樣的提議，他們也絕不轉為汙點證人，而是會保持沉默並服刑一年。然而，一旦他們分開後，都會禁不住懷疑對方會不會遵守諾言。在這種情況下，結果會一樣：他們會意識到背叛是較好的選項。如果A背叛B，A可以一走了之。但假如兩位相互背叛，他們只要服刑18年，而不是20年。因此，即使他們事前達成協議，最後還是可能相互背叛。

這或許看起來完全不合理，而且結果也糟透了。畢竟，一個理性的囚犯可能推論，如果另一個囚徒和他想的一樣，而且對方也認為坐牢18年比坐牢1年悲慘太多，他應該會決定保持沉默。某些賽局理論專家確實認為，理性的參與者都會保持沉默。不過，我個人不太理解這種情況的原因。畢竟，如果換成是我處於那種情境，我不會對對方的想法做出不可靠的假設，而且我會覺得背叛對我比較有利。雖然我不願承認，但換成是我的話，我會背叛對方。而且，由於他也會背叛我，我們都會被囚禁多年，同時納悶到底哪裡出了問題。

答案，在囚犯困境「不止玩一次」裡

　　囚犯困境是否意味著人類永遠無法合作，或至少在面臨囚禁或類似威脅下是不可能合作的？囚犯困境的意義何在？相互背叛的結論看似無法避免。在這種賽局以及類似的情況中，人們很可能相互背叛。相反的，我們也知道，人確實有可能相互合作，而且不光只是和黑幫老大交心懇談以後。這種明顯的矛盾究竟該如何化解？

　　我剛開始思考這個問題時，找不到答案，後來我想起以前當兵的經歷及學開車時發生的事情，才豁然開朗。我當兵那幾年，總是可以請人幫我大忙，而且他們往往欣然提供協助。我可以請同連的弟兄幫我完成一些任務，甚至輪到別人休假時，我還是可以休假返鄉。我退伍後去考駕照，算是很晚才考駕照了。我記得第一次開車出去，碰到「停車讓行」標誌。我停了下來，等著其他駕駛讓路，讓我重新加入車流，但是……什麼也沒發生！完全沒有！無數車子開過，完全沒有一輛減速讓我通行。這意味著什麼？為什麼人們願意為我做一些比較大的事情，卻連讓路這點小事

也不願意？他們只是稍微減速，我就可以繼續開車了。我一直困惑不解，直到我讀到囚犯困境的單次版與重複版的區別，才恍然大悟。

我們必須區分那些只參加囚犯困境賽局一次、以後就不再見面的參與者，和那些反覆參與賽局的參與者。單次版無可避免會以相互背叛作結。然而，重複版本質上是不同的。我請軍中同袍幫忙時，他們清楚知道或潛意識知道，我們會再次投入這種賽局，而且我會回報所有的人情。在重複版的賽局中，參與者預期自己偶爾讓對方「獲勝」，可以獲得回報。但是，某人讓路給我時，我沒有時間停下來記下他的車號，以便下次在路上遇到時回報他，那樣做太不合理了。相反的，人們面對政治科學家羅伯特‧艾瑟羅德（Robert Axelrod）所謂的「未來的期望」（shadow of the future）時，更願意合作。也就是說，人們預期以後很可能再相會時，就會改變思考方式。

不少企經班上，常做一個根據囚犯困境設計出來的熱門實驗。參與者被分成兩人一組，每個人都拿到500美元，以及一疊上面標著S（沉默）和B（背叛）的卡片。他們也被告知，他們會一起玩這個賽局50

次。遊戲規則是損失越少錢越好，這樣規定是為了隱瞞這個賽局其實就是囚犯困境。如果兩個參與者都選擇了S卡（都保持沉默），每個人都會損失1美元（如同坐牢1年）。要是兩人都選擇B卡（都相互背叛），他們都會損失18美元。假如一個選S，另一人選B，選B的人沒有損失，選S的人損失20美元。我想再次強調：每一組都會玩這個賽局50次。

多數玩家很快就了解遊戲規則（畢竟他們是企業高層），但這對他們來說並沒有什麼幫助。由於他們都沒發現重點，他們的盤算方式和那些只玩一次賽局的人一樣，並得出同樣的結論：無論對方怎麼做，B（背叛）都是他們的最佳選擇。然而，當他們繼續玩那個賽局，一而再，再而三地損失18美元後，他們意識到這個策略錯得離譜。因為如果他們連續損失18美元50次，他們不僅會失去全部的錢（原始的500美元），還會欠遊戲主辦人400美元。通常到這個階段，約莫進入賽局的第三輪時，我們會開始看到參與者試圖合作。參與者策略性地選擇S，希望對手收到暗示，也跟著這樣做，如此才能幫他們盡量避免損失。

我認為已故的以色列政治家阿巴‧埃班（Abba

Eban）說得很對：「歷史告訴我們，人類與國家只有在用盡其他的選項後，才會明智地行事。」

一旦你這樣想，就掉入了悖論陷阱

在重複版的囚犯困境中，等到賽局接近第50次，會出現一個陷阱。在那個階段，我可以告訴自己，沒必要再發出想合作的訊號了。畢竟，不管對方選什麼，只要我選擇背叛，損失就比較少。然而，一旦你開始那樣想，就會啟動一個無限迴圈：由於我相信第50輪的結果是無可避免的，我意識到我不該在第49輪合作，我們很可能背叛彼此，所以第49輪我也選擇背叛。依循這樣的邏輯，同樣的思維也可以套用在第48輪！現在我們面對一個新矛盾：如果兩個參與者都很理性，也許他們應該在一開始就選擇背叛。

因此，逆向推導也許不適合，那只會把事情搞得更複雜，這就是所謂的「抽考悖論」（surprise quiz paradox）或「意外絞刑悖論」（unexpected hanging game）。它是這樣進行的：在週五的最後一節課上，

老師宣布下週會有一次抽考，學生一聽都嚇壞了，只有喬大聲說：「老師，你不能在下週抽考。」老師問：「為什麼不行？」喬說：「這很明顯，考試不可能在下週五舉行。因為如果週四沒有抽考，我們會知道考試會在週五舉行，這樣就不算抽考了。週四也是一樣的道理，因為如果週一、週二、週三都沒有抽考，我們已經排除了週五，所以考試一定會發生在週四。既然我們知道了，這樣就不叫抽考了。」

雖然抽考的定義不是那麼明確，而且老師也被喬的說法說服了，但他依然在週二抽考，嚇到那些太相信喬那套邏輯的學生。

同樣的邏輯，也可以套用在次數已知的重複版囚犯困境上。但我上課時，通常不會事先告知賽局會進行幾輪，因為參與者的想法會開始變得跟喬一樣，那種逆向推導方式只會把我們帶入死胡同。

「以牙還牙」就對了

前面提過的艾瑟羅德是密西根大學的學者，專門

研究政府科學，但他也研究數學，並因為參與電腦化的囚犯困境而出名（你可以在他1984年的著作《合作的競化》〔 *The Evolution of Cooperation* 〕中讀到這些）。[1] 他問了許多明智的人，請他們提供破解重複版囚犯困境的聰明策略。他把賽局的規則定義如下：如果兩個參與者都保持沉默，每人都得3分；要是兩個人都背叛，每人都得1分；假如一人沉默、一人背叛，背叛者可得5分，沉默者得0分。艾瑟羅德宣稱每個賽局有200輪，並請大家提出策略。他指的「策略」是什麼意思？

在重複版的囚犯困境中，有多種策略可行。「永遠沉默」是最簡單的策略之一，但顯然不明智，因為對手可以輕易占他便宜，背叛又不受懲罰。「永遠背叛」是比較困難的策略。此外，還有其他五花八門的策略可選，例如背叛與沉默交錯進行（一次背叛後，一次沉默，接著又背叛）。或是，拋硬幣隨機決定沉默或背叛。

聰明的讀者現在應該已經很清楚，最佳策略是根據對手的選擇來行動。沒錯，在奧林匹克程式大賽中，第一個電腦化的囚犯困境把最佳策略稱為「以牙

還牙」（tit for tat），那也是最簡短的：只有四行的 Basic程式。

那個策略是源自阿納托・拉普伯特（Anatol Rapoport），他生於俄羅斯，在美國工作。根據這個範本，你在第一輪應保持沉默，也就是裝成好人。接著，從第二輪起，你只需要模仿對手在前一輪的行為：如果對方在第一輪保持沉默，你在第二輪也保持沉默。不必問你能為對手做些什麼，而是問他先對你做了什麼，然後跟著做。這個「以牙還牙」的策略平均可獲得500分，相當高。還記得前面提過，如果雙方都選擇沉默，他們每一輪各得3分，這表示一場賽局可拿600分確實很厲害。這個策略獲得最高的評價。

有趣的是，最複雜的策略，描述最長，評價最低。第二屆奧林匹克程式大賽出現「以牙還兩牙」（tit for two tats）策略：如果對方背叛你，你先讓他彌補罪過。要是他再背叛你，你才會跟著選背叛。這比原始的「以牙還牙」策略寬容一些，但對你來說也許太寬容了，因為你這樣做得分很低。

不懂賽局理論的人聽到「以牙還牙」策略時，通

常會反嗆：「這算是偉大發現嗎？一般人**通常**就是這樣做啊。」畢竟，以牙還牙不是什麼令人震驚的諾貝爾級數學發現，只不過是對一般人的行為觀察罷了：你對我好，我就對你好。你對我不好，我就以同樣的方式回敬你。

艾瑟羅德進一步發現，以牙還牙策略若要成功，參與者必須遵循以下四項規則：

1. 扮演好人，永遠不要先背叛對方。
2. 遭到背叛，必定反擊。盲目樂觀不是好主意。
3. 原諒對方。一旦對手停止背叛，就應該跟著停止。
4. 不要嫉妒。有幾輪你無法贏，但整體上你得分較高。

從捕鯨業到管理費，當參與者不止兩位

囚犯困境的另一個有趣版本，是賽局有多個參與者，不是只有兩個。這種多位參與者的變體案例之一

是捕鯨業。經濟非常依賴捕鯨業的國家，都希望對其他國家的捕鯨業施加嚴格的限制（沉默策略），但讓本國漁民盡情捕鯨（背叛策略）。這裡的問題很明顯：如果所有的捕鯨國家都選擇背叛策略，結果對**所有的**國家來說都是災難（更遑論鯨魚可能因此絕跡）。這是多位參與者的囚犯困境案例。同樣的道理也適用於林業、氣候變遷的談判（毀約並製造大量汙染的誘惑一直都在。但如果各方都同意減少汙染，那對大家都比較好），或比較平凡無奇的議題，例如公寓大樓的管理費，**到底要不要交**？當然，每個房客都希望所有的房客都交管理費，只要自己不必交就好。如果可以這樣，一切都會很好 —— 花園百花齊放，大廳燈火通明，電梯運作順暢，但他不必付半毛錢！然而，越來越多房客（最終是所有的房客）開始覺得，他們或許也不該繳管理費並停止繳費後，麻煩就出現了。你可以想像那種公寓大樓的電梯與花園是什麼樣子。

順道一提，如果德國哲學家康德還活著，他可能會建議我們用以下的定言令式（categorical imperative）來解決囚犯困境（底下是我改編自康德的說法）：「在你行動之前，先思考這個問題：你希望你的行動變成

一種普遍法則嗎？」康德預期公寓大樓的房客說：「我當然不希望逃避繳費的想法，變成大家普遍接受的概念，因為那樣可能變得很糟，或許我還是應該繳費。」這反應很好，但與其等候所有的房客都熟悉康德的作品，我們最好針對收費推出一些細則。一講到繳費與納稅，大家往往付得很不甘願，即使他們讀過康德的作品也一樣。

西班牙哲學家荷西・奧德嘉・賈塞特（José Ortega y Gasset）提到類似的問題時曾說：「法律是源自於對人性的絕望。」

如果是重複版的多位參與者囚犯困境，最佳策略是什麼？那情況又比之前更複雜了。例如，以牙還牙策略在這裡就不管用了。我只面對一位對手時，我知道他做了什麼，我可以跟著做。但我面對20位房客時，如果其中8位沒繳費，12位繳費了，我要如何落實以牙還牙策略？跟隨多數人嗎？所有人都繳費我才繳嗎？如果只有一個房客繳費，那足以說服我也繳費嗎？這在數學上與直覺上都很複雜，所以我們暫時不管它了。

第 7 章

企鵝數學

♠　♥

本章專門談動物，牠們是賽局專家，也是演化賽局理論（Evolutionary Game Theory）領域的明星。我們將討論湯氏瞪羚（Thomson's gazelle）看似奇怪的行為與利他主義的關係。還會加入一群企鵝，跟牠們一起尋找自願者。最後，也會從演化賽局理論了解一個很好的定義，它拓展了納許均衡。

我覺得「演化賽局理論」是賽局理論中最有意思的分支，這個分支的主要目的是研究及了解動物的行為。

　　我之所以深受這個研究領域的吸引，是因為動物幾乎是完全理性的。數學家之所以會建立預測行為的模型，就是受到理性的鼓舞。看到這些模型可以套用在自然現象上，那感覺很棒。

　　我開始研究賽局理論在動物行為上的應用時，最早探索的一項有趣議題是利他主義。

　　在《自私的基因》（*The Selfish Gene*）一書中，理查・道金斯（Richard Dawkins）提出底下的定義：「如果個體的行為以犧牲自己為代價，來增加另一個體的福利，那就是利他主義。」也就是說，如果行為的結果是降低利他主義者的生存機率，那個行為就是利他的。道金斯其實想為利他行為提出可能的解釋，因為這種現象看起來與他主張的「自私的基因」有所衝突。他認為，生物只是基因的生存載體，這些基因希望在一個追求自利才有優勢的競爭世界裡，傳給下一代。畢竟，如果生物的唯一興趣是及時把自己的基因傳給下一代（我們可以說，自我繁衍是基因唯一關心

的事），利他主義就不該在演化與天擇中倖存下來。然而，大自然中有很多利他行為的例子，例如母獅奮戰以保護幼獅。道金斯提到湯氏瞪羚發現掠食者靠近時，會上下彈跳，而不是逃命。他認為，「這種在掠食者面前用力明顯跳躍的動作，就像鳥類發出警報訊號，看似在警告同伴危險來了，但同時似乎也是把掠食者的注意力吸引到自己身上。」瞪羚的行為可視為一種自我犧牲，或極其冒險，其唯一的動機是希望警告一群夥伴。這只是動物界的兩個例子，大自然中還有更多類似的例子，從蜜蜂到猴子，我們都可以看到這種現象。

誠如前述，乍看之下，利他主義似乎與道金斯的「自私的基因」理論互相矛盾，但其實並沒有矛盾，因為野外沒有真正的利他主義。為幼獅奮戰的母獅在個體層面上也許是利他的，但從基因上來看，牠的行為也是極度利己的。與其說牠是為了拯救幼崽，不如說牠是為了保護自己的基因（或基因的載體）。

湯氏瞪羚秀

　　但是湯氏瞪羚的行為該如何解釋？一隻瞪羚看到一隻獵豹朝著一群瞪羚夥伴潛行而來，牠有時會上下彈跳，發出奇怪的聲音，看似為了吸引掠食者的注意。但那樣做好嗎？牠不是應該和其他的瞪羚一樣逃命嗎？（畢竟，這樣做顯然更明智。）這種現象該如何解釋？

　　不久之前，動物學家認為，瞪羚彈跳是為了警告夥伴，但後來他們改變了看法。阿莫茲・扎哈威教授（Amotz Zahavi）是動物利他主義行為的研究者，他認為瞪羚跳躍不是想警告夥伴，而是向掠食者傳送一則訊息（或者，套用賽局理論的術語，是發送「訊號」）。意外吧！如果把那則訊息譯成人類的語言，它的意思是：「掠食者，請看這裡，我是年輕力壯的湯氏瞪羚。你看到我跳得多高嗎？你注意到我優美的動作及敏捷的身體了嗎？如果你真的很餓，最好去追另一隻瞪羚（或者，去追斑馬更好），因為你捉不到我，你會繼續餓下去。聽我的，去找比較容易到手的獵物吧，因為我今天不可能變成你的晚餐。」

所以真相究竟是什麼？瞪羚跳躍是為了警告其他夥伴（如自私基因論出現以前的人所說的那樣），還是為了一己私利？

　　這裡有兩種可能的答案。一個是數學解答：應用可信的潛在模型以描述某種情境，看數學會給我們什麼答案。在多數情況下，這相當複雜。另一種解答則簡單多了：看掠食者在現實生活中做什麼。觀察顯示，掠食者很少去追捕彈跳的瞪羚。顯然，牠收到訊息了。

　　有一次，我演講談到動物王國裡的數學模型時，聽眾裡有一位男士站起來說：「先生，您完全搞錯了，您提出的模型也許很好，但太複雜了。我沒聽過哪隻湯氏瞪羚熟悉微分方程式或演化賽局理論，而且只有極少數的獅子學過函數最佳化與分析，牠們不可能聽得懂您的演講。」

　　我回應，所有的湯氏瞪羚，事實上幾乎所有現存的掠食者，都很了解賽局理論、微分方程式，以及其他的數學模型，只不過牠們了解這些事情的方式不像人類。舉例來說，雖然我沒聽過哪隻蝸牛上過對數螺線（logarithmic spiral）的課，但顯然所有的蝸牛都很

擅長畫出這種線，而且畫得很美。蜜蜂以最適方式建造蜂窩，但牠們可能沒有應用數學的碩士學位。大自然中的動物就讀的學校與人類不同，不過牠們有一個很棒的老師，名叫「演化」。它是卓越的教育家，但也很嚴格。你只要一次不及格，就會被淘汰。但不是被學校退學，而是被整個大自然淘汰。這所學校雖然殘酷，但優點是可以留下最好的學生。

假設一隻沒受過教育的兔子某天醒來，覺得牠應該去拍拍狼的肩膀以挑戰自我。演化會毫不猶豫地淘汰這隻兔子。因為牠雖然讓狼吃了一驚，甚至嘗到了惡作劇的樂趣，但這隻淘氣的兔子犯了可怕的策略性錯誤。於是，那個犯錯的兔子基因就進了狼的肚子（如果兔子那個行為確實是由基因決定的，但這假設有爭議性），沒辦法傳給兔子的下一代。

我有時會想，如果學生犯一個大錯或幾個小錯就被大學退學，大學會變成什麼樣子。大學裡會只剩下一些學生，但他們絕對是最好的，或許這也不是什麼餿主意。

瞪羚的臨終彈跳

　　這一切都讓我不禁納悶，如果彈跳策略那麼好，為什麼不是每隻瞪羚都習慣性地彈跳？如果牠們這樣做，來覓食的獵豹會看到一幕驚人的場景：幾十隻瞪羚因為看到獵豹來了而彈跳。大自然為什麼沒出現這種現象？答案很簡單：你有本事時，才能隨意炫耀。是的，年輕力壯的瞪羚要彈跳很簡單，但年老力衰的瞪羚也許還能跳，卻不像以前那麼靈活了。牠可能在最不該受傷的時候傷了脊背，或落地時踏得太用力而傷了腳踝，甚至骨折。獵豹可能對瞪羚的無能感到訝異，但那隻老瞪羚很快就成了獵豹的點心。

企鵝、生死測試與自願者困境

　　多年前，我在電視的自然頻道上看了一部很棒的紀錄片，內容是描述一群企鵝到岸邊覓食。牠們的食物完全是海裡的魚。企鵝也可以在海裡游，問題是海豹也可以在海裡游，而企鵝正是海豹最愛的食物。所

以，最好的辦法是讓一隻自願的企鵝先跳進海裡，確定附近海域是安全的。這是很簡單的生死測試：如果自願者從海裡冒出來，呼喚夥伴一起下海，那就好。但萬一海水變紅了，今天企鵝就沒東西可吃了。當然，沒有頭腦正常的企鵝願意當自願者，所以牠們都站在岸邊等待。

那種情況的數學模型是一種 N 個玩家的賽局，名為「自願者困境」（Volunteer's Dilemma）。策略上來看，這種情境不會形成納許均衡。因為如果你是企鵝，你看到一個或多個自願者挺身而出時，就不該站出去當自願者。相反的，站在那邊枯等既不是納許均衡，也不是好選項。畢竟，你和其他企鵝可以在那裡等多久而不餓死？如果所有的企鵝都選擇一直等下去，餓死也無妨，那你最好去當自願者，至少還有機會受益。要是你和大家一起站在岸上，你肯定會餓死。但如果你跳進海裡，你可能被海豹吃了，不過也可能海裡沒有海豹，你可以吃到魚並活下來。因此，當自願者其實是獲得一點生存的機會。同時，我們也已經看到，所有的企鵝都希望別的企鵝先跳入海裡。

注意，當自願者並不是納許策略。因為如果每隻

企鵝都那樣做，最後才跳海的企鵝不必冒任何風險。畢竟，海豹已經先吃了前面的自願者，牠已經不餓了。

所以，你該不該跳下海？答案很簡單，我只需要把那部紀錄片看完就知道答案了。結果發現，企鵝面對這種情境時，有幾種有趣的策略。

策略一：消耗戰[1]

企鵝的第一個策略是在岸上等，就像極地版的「膽小鬼賽局」。牠們就站在那兒，等有企鵝先跳下去。這是企鵝之間的消耗戰，比誰撐得久，最終會等到某隻企鵝跳下去。不過，很難說牠們等了多久，可能是7小時，但紀錄片的剪接只留下原始紀錄的7秒。這場充滿懸念的等待到了末了，一隻企鵝意識到牠再等下去只會繼續挨餓，於是牠決定跳下去。我們不能說那隻跳海者是「自願者」。因為如果牠願意為同伴犧牲，牠一開始就那樣做了，不會讓其他企鵝一直繃緊神經。我們可以用數學來檢視一隻企鵝會不會自願跳海，以及何時自願跳海。這是機率問題，亦即所謂的

「混合納許策略」。結果顯示，數學與現實有時息息相關。因為數學模型預測總是會有企鵝站出來，就像現實那樣。

策略二：比誰跑得慢

一旦企鵝群的規模很大，另一個熱門策略是：牠們都一起跳進水裡。雖然我沒當過企鵝，也無法自然地模仿企鵝思考，但請聽我解釋一下。為什麼500隻企鵝會同時跳入海中？牠們的指導邏輯是什麼？牠們可能告訴彼此（用基因語言），海裡沒有海豹。但是，即使海裡潛伏著一隻飢腸轆轆的海豹，企鵝被吃掉的機率是1:500。這不是很高，風險很合理，所以企鵝願意冒險。

我剛看那部紀錄片時，我記得當時心想，這種一窩蜂跳海的舉動不是納許均衡。因為如果每隻企鵝都跳海，而且海裡又有許多魚，那隻使出「繫鞋帶」伎倆以留在岸上的企鵝會受益。畢竟，如果不巧有一隻飢餓的海豹正好躲在那裡，等到那隻企鵝繫好鞋帶，海豹已經吃飽了，那隻比較慢跳海的企鵝就沒有風險

了。事實上，紀錄片清楚顯示一些企鵝跑得比較慢，但我們無法知道牠們究竟是數學好，還是體能差。畢竟，即使所有的企鵝生來平等，有些企鵝先天就跑得比較快。但是，如果企鵝開始考慮跑慢一點，所有的企鵝都會放慢速度，最終牠們都會站著不動，這又回到了問題的原點：所有的企鵝都站在岸邊，沒有自願者出現，消耗戰又開始了。

策略三：嘿，不要推！

在那部紀錄片中，企鵝的第三種策略是最好、也最有趣的，至少我這麼認為。為了解釋這個策略，我想舉人類士兵的情況來類比。

一個連隊經過一個月的密集訓練後，即將放假。他們排隊接受最後檢查時，指揮官突然宣布一個壞消息：那一連必須留下一名士兵值勤。指揮官說：「我5點回來，回來的時候，我希望有一人自願留下來。如果沒有自願者，那整連都別想休假。」

沮喪的士兵與企鵝陷入類似的困境。每個人都希望別人當自願者，如果沒有人自願，大家都得餓肚子

（企鵝吃不到魚，士兵吃不到媽媽的菜）。士兵可以靠抽籤或其他的方式挑一個人，但企鵝無法抽籤，更何況南極洲哪來那麼多籤可以抽。不過，士兵與企鵝都想到辦法了。

　　一個正排隊接受檢查的士兵叫麥克斯，他和袍澤一樣，為當下的情境感到不滿。然而，不一會兒，他的心情就恢復了。他拍了拍小喬的肩膀說：「小喬，你當自願者吧。」這對麥克斯來說是令人驚訝的舉動。顯然，這對小喬與麥克斯來說都有風險，我希望你也明白這點。我的意思是，麥克斯提議小喬當自願者後，其他士兵可能會把矛頭指向他，溫和地建議他自我犧牲，而不是犧牲小喬。不過，要不是因為麥克斯是連隊中最壯碩的傢伙，他那舉動確實很大膽。麥克斯高大又壯碩，所有的士兵都很清楚這點，因此他們現在都圍到小喬的旁邊說：「小喬，有什麼問題嗎？麥克斯已經這樣告訴你了，你就為我們留下來吧！」所有人都想站在大壞蛋麥克斯那邊，小喬只好勉強自願留守了。

　　企鵝的第三種策略就是做同樣的事情。牠們站在岸邊幾分鐘後，企鵝麥克斯走到體型最小的企鵝旁

邊，用力拍一下那隻企鵝的背。我通常不喜歡把動物擬人化，但我真的可以看到那隻小企鵝跳海時一臉驚訝的神情，那是令人印象深刻的片尾場景，簡直媲美電影《北非諜影》（*Casablanca*）與《熱情如火》（*Some Like It Hot*）的結尾。總之，企鵝群自己推出了一個自願者。我們應該要記得，麥克斯不是一般的企鵝。對一般的企鵝來說，那樣硬推其他企鵝的行為是有風險的。因為你抬起翅膀推其他的企鵝時，你可能失去平衡，另一隻更強壯的企鵝可能把你推出去。

我們再稍微多想一下企鵝的困境。我們看得出來牠們處於賽局中的賽局。在挑選自願者的賽局中，牠們也在玩「我該站在誰那邊」的賽局。那隻被硬推出去的企鵝之所以被迫自願，是因為牠選錯了站立位置，離麥克斯太近。所以，切記，參與推人賽局時，要離大個子遠一點。

演化賽局理論怎麼說？

我們可以合理地假設，動物所謂的利他行為，幾

乎都有策略上的解釋。有一次我使用演化賽局理論的數學工具構建了一個模型，不必談到利他主義，就可以解釋某些企鵝的實際情況。事實上，企鵝的策略中沒有一項涉及利他主義。那隻在消耗戰中失敗的企鵝，那隻在比誰跑得慢中一馬當先的企鵝，那隻被硬推下水的企鵝，都不是因為利他心態而跳海。那隻硬推別人出去的企鵝也是在冒險，因為牠可能失去平衡，但牠也稱不上是利他主義者。同樣的道理，獨自在水中游泳的企鵝，也沒有資格因為自願赴湯蹈火（這個例子是跳海）而獲得獎章，因為牠打從一開始就不是自願的。

　　演化賽局理論提供很好的定義，擴充了納許均衡。它最早是1967年，由英國的演化生物學家威廉·唐納·漢彌爾頓（W. D. Hamilton）提出的，但大家往往把這個理論歸功於另一位英國演化生物學家約翰·梅納德·史密斯（John Maynard Smith），他把這個理論加以擴展及發展。在這些先驅的帶領下，我們進入了相當於納許均衡的演化賽局理論領域，亦即所謂的「演化穩定策略」（Evolutionary Stable Strategy，簡稱ESS）。

這裡就不提數學家愛用的「epsilon-delta」語言了，那種東西對一般人來說實在太難，還不如去學中國成語。我們可以說ESS是一種納許均衡加上另一種穩定條件：如果少數的參與者突然改變策略，那些堅持原策略的參與者就占了優勢。

　　想了解更多演化與賽局理論的關係，我推薦閱讀史密斯的經典著作《演化與賽局理論》（*Evolution and the Theory of Games*）。[2]

— 插曲 —

烏鴉悖論

　　卡爾·古斯塔夫·韓培爾（Carl Gustav Hempel）
是重要的德裔哲學家，他提出許多科學哲學方面的思
考，但1940年發表烏鴉悖論（Raven Paradox）後才享
譽國際（當時他住在紐約，並在紐約市立學院〔City
College〕授課）。他的烏鴉悖論涉及邏輯、直覺、歸
納、演繹，而且都是拿烏鴉來舉例。以下是我的版
本：

　　某個寒冷又下雨的早晨，史馬森教授看了窗外一
眼，決定他那天不想去大學。他心想：「我是邏輯學專
家，我工作只需要紙、筆、橡皮擦，家裡就有這些東
西了。」他坐在窗邊，一邊喝著烏龍茶一邊想：「我今
天該研究什麼？」他突然看到樹上有兩隻黑烏鴉，不

禁思考：「**所有烏鴉都是黑的嗎？**」他突然瞥見第三隻烏鴉，發現牠也是黑的。「看來似乎是這樣沒錯。」這個說法應該獲得證實或遭到反駁，但怎麼做？顯然，他每看到一隻黑烏鴉，就會增加「所有烏鴉都是黑的」這說法的機率，但他不可能觀察到全世界所有的烏鴉。儘管如此，教授還是決定開始觀察烏鴉，希望牠們都是黑的。

於是，他坐在窗邊等待，但看不到更多的烏鴉，他心想：「我想，我得出去找烏鴉。」但他實在沒興趣那樣做。畢竟，他今天待在家裡是有原因的，而且雨勢已經變大，轉為冰雹風暴了。他突然靈機一動，想到「所有烏鴉都是黑的」這說法，在邏輯上相當於「任何不是黑的東西，都不是烏鴉」。切記，他是邏輯學教授。聰明又有邏輯的人（就像你一樣）都可以思考一下上面的句子，並意識到那兩個說法是相當的。

因此，教授沒有試圖證明「所有烏鴉都是黑的」，而是決定確認「任何不是黑的東西，都不是烏鴉」。這樣一來，他就不必出門去確認了。他只要看到不是黑色的東西，並確定它們不是烏鴉就好了，這還真輕鬆！

教授又望向窗外，很快就看到無數的例子。他看到一片綠地，黃葉與紅葉落下，一輛紫色的汽車，一個人的鼻子紅紅的，一個橘色指標上印著白字，藍色的天空，灰色的煙霧從煙囪冒出來。突然，他看到一把黑色的雨傘。嚇了一跳，但很快又回過神來，提醒自己他的說法並不是主張所有黑色的東西都是烏鴉，而是「任何不是黑的東西，都不是烏鴉」，如此而已。

　　現在他完全放鬆了，待在家裡，乾爽舒適。他繼續望向窗外，觀察大街，看到許多東西既不是黑色，也不是烏鴉。他對自己的研究很滿意，在筆記本上寫道：「根據我的廣泛研究，我幾乎可以完全肯定地宣稱，所有烏鴉都是黑的。」證明完畢。

　　你可以指出教授的錯誤嗎？他有犯錯嗎？

第 **8** 章

拍賣、人性與 瘋狂

◆ ♣

本章一開始，我先說明如何把一張百元美鈔拍賣到 200 美元。接著，我會簡介拍賣理論，這是賽局理論的分支，內容相當豐富。我們會檢視不同類型的拍賣，試著去了解贏家的詛咒現象，並找出哪種拍賣獲得諾貝爾獎。

百元美鈔競標賽局

本來，這個賽局稱為「1美元拍賣」（Dollar Auction），但為了讓它顯得更有趣（畢竟，通貨膨脹後，1美元不像以前那麼值錢了），我們改以百元美鈔為例。至於這個賽局是誰發明的，眾說紛紜。有人說是馬丁·舒比克（Martin Shubik）、夏普利、納許在1950年發明的。總之，在耶魯大學任教的美國經濟學家舒比克，在1971年寫了一篇文章討論這個賽局。[1]

這個賽局的規則很簡單。一張百元美鈔被拿出來拍賣，出價最高的人可得到它。與此同時，出價第二高的人也要支付他出價的金額，但得不到那張美鈔，聽起來很簡單吧？

我常在課堂上玩這個賽局。以前我上課時，會像前面描述的那樣，拿出一張百元美鈔來拍賣。我承諾把那張美鈔賣給出價最高的人，即使出價很低也會賣出，聽起來很棒吧！總是有學生出價1美元，而且認為自己賺到了。結果呢？如果全班都沒反應，那個學生真的可以拿到豐厚的報酬。問題是，這種情況從未發生。一旦他們發現有人想以1美元獲得那張百元美

鈔，總會有人出價2美元。畢竟，他們何必傻傻地讓別人贏？有些人一想到這點就難以忍受。

一旦有人出價2美元，第一個出價的學生將損失1美元，因為他不僅得不到美鈔，還得付出自己出價的金額。於是，他很自然再次出價3美元。一旦有第二個玩家加入賽局，大局就已經底定了。我這個賣方肯定會獲利，玩家無論如何都會損失，沒有別的結果。舉例來說，假設一個玩家出價98美元來買我的百元美鈔，另一個玩家緊接著出價99美元。那個出價98美元的人最好趕快出價100美元，因為他不出價的話，就會損失98美元。對他來說，此刻最好的交易是出價100美元，然後在不賠不賺下退出賽局。但是，他出價100美元後，那個出價99美元的玩家即將遇到真正的打擊（儘管這看起來很荒謬），他必須出價101美元，使自己只賠1美元，而不是損失99美元。順道一提，身為賣家的我剛剛賺了201美元減100美元（賣出的美鈔價值），淨賺101美元。

這個賽局何時結束？數學上來看，永遠不會結束。實務上來看，以下情況之一發生時，這個賽局就結束了：（1）玩家沒錢了；（2）下課鈴響，課堂結

束；（3）其中一個玩家學聰明了，認賠退出競標。

這個賽局充分顯示，好策略如何演變成糟策略。根據數學邏輯，競標者應該在每個階段提高出價，但這種邏輯能持續多久？損失4美元時就退出競標，不是比花300美元標到一張百元美鈔更聰明嗎？

有一次，我在策略思考課上構建這個賽局時，只花兩分鐘就讓百元美鈔的競標價格拉到290美元（每次出價是以10美元為一單位）。我注意到玩家很快就忘了這個拍賣的細節，只想出價贏過別人。他們只在乎自己一定要贏，不能讓別人標到。

人類的行為有時確實挺怪的。還有一次，我做這個實驗時，一位玩家本來一直沒出價，直到競標價格達到150美元時，他突然出價160美元，把大家都嚇了一跳！為什麼他要那樣做？他大可直接去銀行以160美元兌換百元美鈔，而且想換幾次，就換幾次。他究竟為什麼會決定加入競標？

我有一位朋友參加了哈佛大學為資深企業家舉辦的研討會。他告訴我，主持人拍賣百元美鈔，結果賺了500美元。難道這個賽局的玩家只是不理性嗎？未必如此。500美元對這些成功的企業家來說，很可能只

是小錢，他出價500美元，說不定只是想讓其他的參與者知道，他非標到不可。在我們這個時代，這是很重要的訊號，因為這些企業家以後一定還有機會碰面（顯然他把這500美元的投資當成開銷）。

這種「因為已經投入很多而不願退出賽局」的行為，在日常生活的大大小小事中很常見。舉例來說，你打電話到有線電視公司，等著客服人員接聽。你在線上等了很久，電話中播放的悅耳音樂幫你度過了等候時間，但一直沒有人接聽。你通常會怎麼想？「既然已經等那麼久了，現在掛斷太可惜了。」於是你繼續等候。你越等越覺得那個音樂實在很煩。但你等越久，就越覺得現在放棄很傻，因為你已經投入那麼多時間了。

根據同樣的邏輯，我們也可以看到，政府機構在企業家發起的專案中投資2億美元後，眼看專案快失敗了，又決定追加投資1億美元。這就是犯下同樣的錯誤。

你遇到這種「百元美鈔競標賽局」時，最好的做法是完全不要參加。萬一你不小心參加了，最好馬上退出。有人曾經提出一種贏得這種賽局的「安全」策

略。你第一個出價，而且馬上就喊99美元。沒錯，這樣做，你不會得到可觀的收益，但至少贏了。不過，我不會推薦這個策略，因為總是有可能突然出現一個人喊價100美元。他為什麼要那樣做？有人就只是想喊價而已，沒別的理由。

總之，只因為已經損失很多就繼續參與賽局，永遠不是好主意。就像許多事情一樣，古希臘人早就知道這點。他們歷史悠久的概念「即使是神也無法改變過去」，就隱含了這個意思。

最後，我以一個小小的腦筋急轉彎遊戲，來結束這個美鈔拍賣的討論：

一所著名的軍校也玩過類似的賽局。他們以上述方式拍賣20元的美鈔，出價至少為1美元。兩名軍官加入出價，後來其中一人把出價拉到20美元，另一人又把出價拉到21美元。這時，那個出價20美元的軍官突然出其不意地出價41美元，於是遊戲結束，為什麼？（請蓋住下一段的答案。）

（如果他出價42美元，他會損失22美元。損失21美元比損失22美元好。）

* * *

　　拍賣可能是賽局理論中最古老的分支。據傳，最早的拍賣是發生在，約瑟的兄長把約瑟和彩衣賣給奴隸販子的時候（按：出自《舊約聖經》的《創世記》。約瑟特別受到父親的寵愛，招致11名兄長的嫉妒，尤其父親又送他美麗的彩衣，顯然父親特別偏愛約瑟。某天約瑟出外牧羊，兄長把他賣給人口販子作為奴隸）。西元前五世紀的希臘歷史學家希羅多德（Herodotus）曾寫道，他那個年代是以拍賣的方式，來決定女性的婚嫁。拍賣是從最漂亮的女人開始，賣家靠她獲得高價後，再按美醜順序拍賣剩下的女人。隨著貌美程度的下降，出價也跟著降低。毫無吸引力的女人甚至得付錢徵求丈夫，這表示這種拍賣會也有負向競標模式。

　　拍賣在羅馬帝國時期也很流行，到了西元193年，甚至連整個帝國都被拍賣了！狄烏斯・尤利安努斯（Didius Julianus）贏得了拍賣，但兩個月後遇刺身亡，可見贏得拍賣不見得是值得慶祝的事情。

　　拍賣方式不計其數，主要版本包括：英式拍賣、荷蘭式拍賣、封閉最高價式拍賣（First-Price Sealed-

Bid）、維克里拍賣（Vickrey Auction）。

英式拍賣

在英式拍賣中，拍賣品是以基礎價格起標，出價隨著需求的上漲而不斷上升，最後是由出價最高者得標。競標者可以透過電話出價競標。眾所皆知，名人與富豪通常不願出現在競標場上，因為他們在現場可能導致價格飆漲。

在英式拍賣的一個版本中，標價持續上升，一旦標價高到難以接受時，競標者會退出競標，由最後剩下的那個人得標。這種方法讓參與者知道所有競標者是如何估價的。

荷蘭式拍賣

在這種方法中，物品是以最高價起標，接著出價持續下降，直到買家認為價格適合，就買下物品。這

種拍賣方式稱為「荷蘭式」，因為這是荷蘭人拍賣鮮花的方法。

有一次，我在波士頓的古董店裡，看到有趣的荷蘭式拍賣。店內的每件商品都有價格標籤，上面標注著那家古董店收到這件商品的日期。你為商品支付的價格是由標價減去折扣，折扣是根據這件商品在古董店裡待了多久而定。待得越久，價格越便宜，折扣可能高達原始標價的80%。如果顧客看到一把中意的椅子，標價是400美元，他可能理性推論：這個價格將在一個月後下跌，最好等一個月再來買。當然，他是對的，前提是沒有別的客人也想買那把椅子。

究竟，哪一種拍賣方式比較好？

現在出現了一個有趣的問題：英式拍賣與荷蘭式拍賣，究竟哪一種比較好？

假設我們想以荷蘭式拍賣，出售一本非常特殊的書。比如，有詹姆士・喬伊斯（James Joyce）親筆簽名的《尤利西斯》（*Ulysses*），我們把起標價訂為1萬

美元，每10秒降100美元。這種銷售方式可能讓潛在買家很苦惱，因為一旦有人喊停，書就賣出去了。顯然，如果有人認為他可從這本書獲得的快樂值9,000美元，他會等價格降到9,000美元才出價。前提是價格降到那個水準時，書還沒賣出去。

然而，在英式拍賣中，有時你可以用低於原本打算支付的價格取得物品。假設沒有人喜歡作者親筆簽名的原版，我們出價700美元是最高價，這就對我們有利：我們以700美元買到原本願意出9,000美元購買的東西。另外，這種方法也鼓勵大家一再提高出價，這主要是因為人性有好勝的傾向。假設你願意出9,000美元買這本書，但發現別人也願意出價9,000美元，你會出價9,100美元嗎？可能會，因為這只比你原本打算的出價多100美元。但另一位意圖相似的出價人可能把價格喊到9,200美元，你或許不得不把出價拉到9,300美元……這樣繼續下去的話，誰知道價格會拉到多高才停下來？

在英式拍賣中，價格持續上漲的另一個原因，是銷售期間獲得的資訊。請聽我解釋，假設一位競標者認為這本書可能值9,000美元，但他也不太確定。這個

價格可能過於誇大嗎？也許這本書才值那一半的價錢？要是他看到其他人的出價（例如8,500美元），他會更加確定自己的評價。這會讓他知道，他的觀感並非完全不切現實。拍賣商往往會利用這點，刻意安排假的競標者來拉高競標價格。

至於這兩種拍賣方法哪種比較好，大家有明顯的歧見，但顯然英式拍賣比較常見（我見過一些拍賣，一開始是用荷蘭式拍賣，等價格跌到某個價位後，又改用英式拍賣法繼續）。

封閉最高價式拍賣

高價項目（例如油田、銀行、航空公司）通常是以下面的方法拍賣：在給定的競標期間內，潛在競標者可把出價放在密閉的信封裡提交。到了指定的日子，主辦人會打開信封，宣布得標者，這是決定階段。這些拍賣通常必須遵守冗長又乏味的規則，但閱讀這些規則說不定對競標者有利，因為他可能在裡面發現一些驚喜。例如，有時規則明訂，賣方沒有義務

挑選出價最高者（聰明的讀者肯定知道原因）。

　　既然提到油田，現在是談「贏家的詛咒」的好時機。

先別急著開香檳慶祝！贏到不等於賺到

　　1971年，三位石油工程師艾德·卡彭（Ed Capen）、鮑伯·克萊普（Bob Clapp）、比爾·坎貝爾（Bill Campbell）在一篇開創性的文章中，最先記下這個現象。他們寫道，如果你在拍賣中得標，你應該自問：「為什麼其他出價者覺得，我剛標到的油田價值沒有我出得那麼高？」[2] 統計上來說，這個想法非常簡單。

　　假設一家石油公司的業主破產了，把油田拿出來拍賣。有10家公司以封閉式拍賣出價如下：80億、72億、70億、130億、113億、60億、80億、99億、120億、87億美元。

　　誰知道這個油田的真正價值是多少？誰能猜到近期的油價？沒有人猜得到。不過，可以肯定的是，競標公司在出價前，通常會聘請專家來研究這個問題。

與此同時，估計油田的價格約等於競標的平均價也很合理。相反的，認為最高的出價（130億美元）最接近油田的實際收益預期是不合理的，但它幾乎一定會得標。然而，得標者先別急著開香檳慶祝，最好先花點時間反思一下。

維克里拍賣、優勢策略與諾貝爾獎

第二高價維克里拍賣（second-price Vickrey auction），是以1996年諾貝爾獎得主威廉・維克里（William Vickrey）的名字命名的。維克里生於加拿大，是哥倫比亞大學的經濟學教授。這種拍賣的運作方式如下：競標者以封閉式拍賣出價，出價最高的人得標。但與一般拍賣不同的是，得標者不是支付最高投標價，而是支付**第二高**的價格。

這種拍賣的邏輯是什麼？這符合邏輯嗎？為什麼得標者支付的價格比他的最終出價少？為什麼拍賣商不收最高的出價？

我認為使用維克里拍賣的原因之一是，我們都知

道很多人是不理性的，可能不智地喊出高價，以為他們其實不會標到那個東西。例如，我可能出價2萬美元購買普魯斯特親簽的《追憶似水年華》的初版（畢竟那是普魯斯特的書，而我確實也愛買書），但其實我只願意支付1萬美元。這有什麼不對嗎？我認為，這種競標設計可以確保我得標及最終支付第二高的出價，那個價格肯定比我的出價更合理。問題是，來自波士頓的愛德格‧克林頓（Edgar Clinton）也有同樣的想法，所以他出價1萬9,000美元。這表示我得標了，但最後比我實際願意支付的價格多付9,000美元。可是，這只是一本書，不是一家書店。

或許我們的出價應該比較符合現實的評估？

這個難題的答案很簡單，也令人意外，同時也指出了維克里拍賣之所以如此重要的原因：第二高價拍賣，可以鼓勵競標者喊出他願意支付的（真正）最高價格。

我們換一種更精確的說法吧。在維克里拍賣中，出價者的**優勢策略**（dominant strategy），是喊出這個拍賣品對他來說的真正價值（對參與者來說，不管其他的參與者怎麼玩，一旦一個策略比其他策略更適合

你，那就是優勢策略）。以這個例子來說，**誠實是上上策**。我們不需要用數學就能證明這點。你只要思考，拍賣者的出價高於、或低於那個商品對他的價值時會怎樣，就會發現那兩種情況的效益，都比他出實際價值少。

1961年，維克里率先分析了這種情況，直到1996年才獲得諾貝爾獎。遺憾的是，維克里無法到斯德哥爾摩音樂廳領獎，他在接獲得獎通知後三天辭世。

紐康姆悖論

紐康姆悖論（Newcomb's Paradox）這個知名的實驗與機率及心理學密切相關，它是以加州大學洛杉磯分校（UCLA）的物理學家威廉·紐康姆（William Newcomb）的名字命名的。

這個思想實驗與其他實驗不同，確實**理當**稱為悖論，詳情如下：

有兩個盒子，一個透明，裡面裝 1,000 美元；另一個不透明，裡面可能有 100 萬美元，也可能什麼都沒有，我們無從得知。玩家有兩個選擇：獲得兩個盒子裡的內容，或只獲得不透明盒子的內容。問題是，這個實驗是由一個預言家主導，他有讀心術這種超能力，比我們更早看出我們會選什麼！如果預言者直覺

感應到我們會選不透明的盒子，他會在裡面放進100萬美元。但要是他感應到我們會同時拿走兩個盒子，他就會讓那個不透明的盒子空著。

現在，假設有999人已經參與過這個實驗，而且我們知道每當有人拿走兩個盒子，不透明的盒子裡都是空的。但要是參與者只選擇不透明盒子，他就會變成百萬富翁。你會怎麼決定？

決策理論（Decision Theory）提出兩種看似自相矛盾的原則。一是合理性原則，根據這個原則，我們應該只取不透明的盒子，因為我們已經看到之前發生的實例了。二是優勢原則，根據這個原則，我們應該兩個盒子都拿，因為盒子就在那裡，如果不透明的盒子裡有100萬美元，我們就會拿到它。萬一裡面沒錢，至少我們還有1,000美元。這兩個原則互相矛盾，給我們完全不同的建議。

許多卓越人士討論過這個著名的實驗，包括哈佛大學的哲學家羅伯特・諾齊克（Robert Nozick），以及《科學人》雜誌的數學編輯兼《愛麗絲夢遊仙境》的知名解讀者葛登能。他們兩人都認為應該兩個盒子都拿，但理由截然不同。

如果我參與者這個實驗，前提是我相信預測（而不是預言，因為我是理性的科學家），而且親眼目睹前面999個案例的結果一再出現，我會拿不透明的盒子，而且（可能）獲得100萬美元。不過，這個問題仍引起廣泛的爭論。葛登能認為這裡面根本沒有悖論，因為沒有人能如此精確地預測人類的行為。然而，如果你看過有人如此精準地預測人類的行為，這就是符合邏輯的悖論。所以我們該怎麼做？究竟是兩個盒子都拿，還是只拿不透明的盒子？

　　你來決定吧。

第 9 章

膽小鬼賽局：
你敢跟我拼嗎？

◆ ♣

在本章中，我們會談膽小鬼賽局，這是由兩種
純粹的納許均衡組成，導致結果極難預測。這
種賽局與邊緣政策的技藝密切相關。

要當懦弱的膽小鬼，還是勇敢的英雄？

　　膽小鬼賽局的簡化雙人版是這樣運作的：兩個駕駛者開車衝向對方（如果這是在拍電影，最好他們是開贓車），先轉動方向盤以逃避相撞的那方就輸了，永遠被叫「膽小鬼」。那個毫不退縮的駕駛在這場賽局中獲勝，並成為鎮上名人。如果兩人都不逃避，他們會相撞身亡。詹姆斯・狄恩（James Dean）主演的多部電影裡都有這個橋段，因此這種賽局也跟著走紅（我這個年紀的讀者可能還記得，1955年狄恩與娜妲麗・華〔Natalie Wood〕主演的電影《養子不教誰之過》〔*Rebel without a Cause*〕）。

　　當然，每位參與者都希望對方是膽小鬼，這樣一來他就是勇敢的贏家。如果雙方都決定勇敢向前衝，兩車相撞對雙方來說都是最糟的結果。就像許多其他的危險賽局一樣，我個人的選擇是迴避策略：我會轉向，避開互撞。我想大家都知道，有些賽局能不參加是最好。但是，萬一由不得我們選擇，被迫參與賽局，那怎麼辦？

　　想像以下的情境：我站在我的車子旁邊，望向道

路的另一端。我的對手在遠處，他也是站在車邊望向
我。人群中有一位女子，我想吸引她的關注，讓她欽
佩我，而且我不知怎的，覺得她不希望我成熟理智地
放棄這場賽局。我該怎麼做？

兩位玩家（簡稱A與B）有兩種不同的策略可
選：勇敢或懦弱。如果他們都選懦弱，那就沒有輸
贏。如果A選擇勇敢，B選擇懦弱，A可得10分，B失
去1分。A將獲得群眾的喝彩，B則獲得噓聲。如果雙
方都決定展現勇敢並撞上彼此，雙方都失去100分，
更遑論他們養傷所浪費的時間，以及修車的昂貴代
價。

	勇敢	懦弱
勇敢	（-100，-100）	（10，-1）
懦弱	（-1，10）	（0，0）

這個賽局的納許均衡是什麼？它有納許均衡點
嗎？如果兩個玩家都選擇懦弱，這很自然不是納許均
衡，因為如果A選擇懦弱，B選懦弱就不符合最佳利
益。這時B最好是選擇勇敢，並贏得10分。但是，如

果兩位玩家都選擇勇敢，這也不是納許均衡。因為要是他們都很勇敢，兩人都會失去100分，那也是最糟的結果，雙方都會因此後悔。

值得注意的是，如果A知道B選擇勇敢，他應該選懦弱，因為這樣的損失比選擇勇敢少。

那麼，另兩個選項如何？假設A選擇勇敢，B選擇懦弱。這樣一來，A會獲得10分，他不該改變策略，因為選擇懦弱沒有好處。B會失去1分，但B也不該改變策略，因為如果他改選勇敢（像A一樣），他將失去100分（多損失99分）。

所以，如果A選擇勇敢，B選擇懦弱，這竟然就是納許均衡。這是任何人都不會放棄的情境。問題是，相反的情況也成立。換句話說，如果他們的立場對換（B選擇勇敢，A選擇懦弱），那會基於相同的原因成為納許均衡。一旦一個賽局有兩個納許均衡，問題就出現了。因為沒有人知道賽局會怎麼結束。畢竟，如果雙方都選擇納許均衡，而且雙方都選擇勇敢，兩人會以最糟的結局收場。但或許兩人知道這點後，都改選懦弱也說不定。所以，乍看之下這個賽局很簡單，但它其實很複雜。更不用說，要是把情緒也

考慮進來，那會出現什麼狀況。

假設其中一位玩家想引起群眾中的某人注意。萬一他輸了，損失分數還算事小。但他可能失去那個人的關愛，那恐怕比撞上對方來車的代價還大。此外，沒有人喜歡看對方獲勝，很多人覺得輸了賽局很痛苦。

瘋子，反而是贏家？

由於上述種種的複雜性，這個賽局該怎麼玩，怎麼結束？這種賽局自然沒有固定的必勝策略，但必勝策略確實是存在的，而且很多電影裡也演過。這個策略稱為「瘋子策略」（madman's strategy），詳情如下：一位玩家喝得爛醉抵達現場。雖然大家都看得出來他醉得厲害，他一到場還刻意從車上扔出幾個空酒瓶，以強調他當下的狀態。為了讓人更明白他的意圖，他還戴上很黑的墨鏡，這下子顯然他連路都看不清楚了。瘋狂玩家可能使出殺手鐧，乾脆把方向盤拆下來，在開車時把方向盤扔出車外，這種訊號真是再清楚不過了。

瘋狂玩家於是宣稱：「懦弱不是我的選項，我只會選擇勇、更勇、最勇。」這時，另一位玩家已經明白這位瘋狂玩家傳達的訊息。他現在知道對方會選擇勇敢，至少理論上他應該選擇懦弱。因為邏輯上與數學上來看，這對他來說都是比較好的選擇。然而，別忘了，人很容易做出不理性的選擇，同時也要考慮到最糟的情境：萬一雙方都選擇瘋子策略，那怎麼辦？要是兩人都是喝得爛醉到現場，戴上墨鏡，扔出方向盤，那怎麼辦？他們又再次陷入僵局。於是，我們又再次看到，乍看之下很簡單的賽局，其實非常複雜。

古巴導彈危機：史上最驚險的膽小鬼賽局

膽小鬼賽局的最出名實例是古巴導彈危機，幾乎每本談賽局理論的書都會提到這個例子。1962 年 10 月 15 日，蘇聯領導人赫魯雪夫（Nikita Sergeyevich Khrushchev）宣布，蘇聯決定在古巴部署有核彈頭的導彈，那裡離美國海岸不到 200 公里。赫魯雪夫等於是向當時的美國總統甘迺迪發出訊號：「我正開著車衝向你。我戴了墨鏡，喝了酒，等一下連方向盤也扔

了。你打算怎麼做？」

甘迺迪召集顧問團隊，他們提出了五個選項讓他參考。

1. 什麼都不做。
2. 向聯合國申訴（這和第一個選項很像。但第一個選項比較好，因為第二個選項等於表明你知道有事發生了，但依然什麼也沒做）。
3. 啟動封鎖。
4. 對蘇聯發出最後通牒：「不撤彈的話，美國會對你發動核戰。」（我覺得這是最蠢的選項：「你不得不動武時……就直接動武！何必動口。」）
5. 直接對蘇聯發動核戰。

10月22日，甘迺迪決定選擇第三個選項，對古巴啟動封鎖。

第三個選項相當冒險，因為那顯示甘迺迪也喝醉了，戴上墨鏡，也可能拔除方向盤，那將使兩國步上對撞的命運。後來甘迺迪講述這件事時提到，他個人

評估，爆發核戰的機率大概介於三分之一到二分之一之間。這是很高的機率，畢竟開戰很可能就是世界末日。

最終，這場危機和平落幕。許多人認為，這個結果要歸功於著名的英國哲學家兼數學家伯特蘭·羅素（Bertrand Russell）寫了一封信給赫魯雪夫，並想辦法把那封信送到赫魯雪夫的手中。總之，赫魯雪夫後來收手了，這轉折令人大感意外。畢竟，蘇聯領導人一直向西方示意他可能採取瘋子策略。羅素意識到，古巴導彈危機和膽小鬼賽局的一般版本不一樣，它是不對稱的。因為赫魯雪夫在蘇聯握有「媒體受到監管」的優勢，這讓他有機會做出讓步，所以「蘇聯沒有自由媒體報導」這個事實幫全世界避開了核戰。一旦媒體受到掌控，失敗也可以塑造成勝利，蘇聯的報紙就是如此解讀蘇聯的做法。赫魯雪夫與甘迺迪找到一種體面的解決方法，蘇聯同意撤走在古巴部署的導彈，美國有朝一日也會拆除在土耳其部署的導彈。

自願者困境：誰要當犧牲者？

「自願者困境」是膽小鬼賽局的有趣延伸，我們前面討論過企鵝版。在膽小鬼賽局中，自願者的出現是可取的。自願者只要把車子轉開，就能避免雙方對撞，對雙方都有好處。

典型的自願者困境有好幾位玩家，其中至少有一位是自願者，他自願冒險或承擔成本，好讓所有的玩家都受益。但如果沒有人自願，所有的玩家都受害。

威廉・龐士東（William Poundstone）在著作《囚犯的兩難》（*Prisoner's Dilemma*）中，舉了幾個自願者困境的例子。例如，一棟公寓大樓停電，需要某個住戶自願打電話給電力公司報修。這是一個很小的自願例子，很可能有人會主動報修，以確保大樓恢復供電。但接著龐士東又提出更大的問題：假設這群住戶是住在沒有電話的冰屋裡，這表示那個自願者必須冒著零下低溫，在雪地裡跋涉5公里去求助。誰會主動去？問題如何解決？

當然，有些情況下，自願者付出了慘痛的代價。2006年，以色列陸軍少校羅伊・克萊因（Roi Klein），

刻意撲向一枚朝著他那排扔來的手榴彈。他當場喪生，但救了整排的士兵。英美戰爭故事中有不少這樣的案例。有趣的是，美國的軍法規定，遇到上述情況時，士兵必須自願犧牲，立刻撲向手榴彈。這是非常奇怪的指令。在一群士兵中，顯然有人應該犧牲，但找出誰當犧牲者又是另一回事了（如果現場只有一個士兵，**他**又撲向手榴彈，那簡直太離奇了。）那規定似乎是假設，即使有那樣的規定，不見得每個人都會遵守規定。但應該要有人遵守，而且有人會遵守。

龐士東的著作也舉了另一個例子。在一家校規很嚴的寄宿學校，一群學生偷了校鐘。校長召集全校學生，對大家宣布：「只要有人告訴我小偷是誰，我會把小偷的學期成績死當，其他人都免受處罰。但是，如果你們之中都沒有人願意站出來檢舉，每個人整年的成績都會死當，不止一個學期而已。」

理性地說，應該有人會主動站出來檢舉，因為沒有人站出來的話，每個人整年的成績都會死當。理論上，有人檢舉的話，連小偷都可以受益。因為他只有一個學期的成績死當，而不是一整年都死當。如果這個故事裡的學生都是理性的理論家，有人（不一定是

小偷）會自願站出來，接受小打擊，解放同伴。但這個人可能覺得其他人的想法都跟他一樣，於是沒有人站出來。結果當然很荒謬：每個人的成績都死當了。

事實上，目前還不完全清楚這種賽局該如何進行。不過，自願者困境有一種簡單的數學模型。想像一下，一個房間裡有n個人：如果其中至少有一個自願者，他們每個人都可以贏得大獎，但自願者的獎品較小。

顯然，這裡沒有純粹對稱的納許策略可選，因為如果有其他人自願，我何必自願？畢竟，如果**我**不冒險，別人冒險了，我還是可以拿到大獎。放棄也不是納許策略，因為沒人自願的話，大家都無法獲益。因此我應該自願並獲得較小獎（亦即獎品扣除風險，這裡是假設風險成本小於獎品價值），畢竟聊勝於無。不過，雖然純粹的納許策略不存在，我們可以找到混合的策略。那個策略要求玩家在某個機率下自願，那機率可以用數學算出來，而且與玩家的人數以及獎品與風險之間的落差有關。

風險相對於獎品越大時，越不可能有人自願，這是可想而知的結果。另一個有效的結論是：玩家的人

數越多，大家越不願意站出來，因為大家更容易預期
別人會站出來。

我以為「別人會出手相助」

我們可以從這裡，看到「旁觀者效應」（bystander
effect）這種社會現象的根源。

不過，認為「別人會站出來」可能導致可怕的結
果。這種情況最著名的例子之一，是凱薩琳‧吉諾維
斯（Catherine Genovese）的案例。1964年，她在紐約
家中遇害。數十名鄰居目睹了這起慘案，但不僅沒有
人站出來幫她（因為自願者可能付出很大的代價），而
且也沒有人報警（但是這種自願行動幾乎沒有任何成
本）。我們很難了解鄰居當下的想法，但事實上有些時
候就是沒有人自願做簡單的事情，連打電話報警這種
輕而易舉的事情都不願意。這種案例比較適合用社會
學與心理學來解釋，而不是用數學模型解釋。我們可
以假設，人的自願程度，是看其所屬社群或社會的團
結程度，以及他們的社會價值觀而定。

1974年，桑德拉‧薩勒（Sandra Zahler）也在類

似的情況下，於同一座城市遇害。舊事又重演了：她的鄰居聽到了案發經過，但什麼也沒做。而這種不干涉現象及責任分散因此常稱為「吉諾維斯症候群」（Genovese syndrome）。

要寫20美元，還是100美元？

自願者困境的另一個例子，是《科學》雜誌（Science）做的實驗。這個雜誌要求讀者寫信來告知他想要20美元或100美元，該雜誌承諾把讀者要求的錢如數寄給讀者，前提是要求100美元的人數不超過20%。如果超過了，任何人都拿不到錢。

如果我參加這個賽局，我會考慮什麼？顯然，100美元比20美元多。但我知道，如果每個人都要100美元，最後大家都拿不到錢。其他人想必都跟我一樣了解這點，所以他們很可能會寫下20美元，而不是100美元。同時，我覺得我成為引爆點（亦即導致貪婪讀者人數超出20%的人）的機率很低，所以我應該要求100美元。顯然，如果有夠多的讀者和我想的一樣，我一毛錢也拿不到。實際的結果是，超過三分之一的人

要求100美元，雜誌社因此省下一大筆錢。

　　事實上，那個實驗本來就沒有打算動用到真錢，因為雜誌社對於實驗成功有很大的把握。賽局理論專家，甚至更確切地說，心理學家其實可以讓雜誌社的編輯更放心，因為要求100美元的人不到20%的機率非常小。

　　不過，一如既往，任何事情都不像乍看之下那麼簡單。我以下面的方式對學生做了這個實驗好幾次：我要他們寫紙條告訴我，自己希望學期成績加1分還是5分，並警告他們，只有要求加5分的人數不到20%，他們才能得到要求的加分。但如果要求5分的人數超過20%，他們連1分也別想加。那些學生從來沒獲得加分的機會，只有一次例外，不過是在心理學的課堂上。

第 10 章

謊言、該死的
謊言和統計數字

在本章中，我會提供一些實用的工具，幫大家更了解統計資料，並且提升我們察覺統計錯誤的能力。遺憾的是，錯誤的統計資料可以輕易用來證明幾乎所有事物。我會從日常生活中，舉一些有趣又有啟發性的案例。

做決定時，我們常依靠數字，而且是很多很多的數字。而涉及分析及了解數字的學科，稱為統計學。

小說家威爾斯（H. G. Wells）曾預言：「有朝一日，想當有效率的公民，統計思維就像讀寫能力一樣必要。」事實上，統計資料如今隨處可見。現在**翻開**報紙、看電視新聞或上網，都會看到不少統計用語與數字。

駕駛、統計與真相

幾年前，我在某大報上看到一則新聞報導：超速不會導致事故。這說法是根據以下的統計資料：僅2%的交通事故，是車速達到或超過100公里的車子造成的。這個數據因此被解讀成，時速100公里是很安全的駕駛速度。這則報導雖然刊登在報紙上，但這是絕對錯誤的結論。畢竟，倘若確實如此，我們何必把速限訂在時速100公里？要這樣粉飾太平的話，我也可以說，根據我的資料，沒有車禍是時速300公里的車子造成的，所以國家應該要求所有的駕駛維持那個安

全的車速。我甚至願意讓這個要求「每個人開車不得低於時速300公里」的規定以我的名字命名，從此就叫它《夏皮拉法》。

不過，講正經的，那篇報導沒提供關鍵的資料。例如，駕駛員維持那車速的時間比率。我們需要那些資訊以確定那個速度是否真的安全，還是其實很危險。舉例來說，如果駕駛只有2%的行車時間開時速100公里或更快，而2%的事故就是發生在那段時間，那就是「規範性」速度：它既不比其他的速度安全，也不比其他的速度危險。但是，要是只有0.1%的行車時間達到時速100公里，卻仍有2%的事故發生在那段時間，那個車速就非常危險。

以色列最近公布的調查結果聲稱，女性開車比男性好。這有可能是真的，但這項調查為這個結論引用了奇怪的理由：涉及嚴重駕駛事故的以色列男人比女人多。這個事實本身透露的資訊很少。假設全以色列只有兩位女性駕駛，但她們兩人涉及去年800件嚴重的駕駛事故。而以色列有100萬名男性駕駛，男性涉及1,000件嚴重事故。那表示每位女駕駛每年平均涉及400次事故（平均一天超過一次）。根據這個數據，我

不會說她們是好駕駛，你會嗎？

順道一提，根據《每日電訊報》（*The Telegraph*）網站2016年2月21日週日刊登的一篇報導，女性駕駛終究還是比男性駕駛更會開車，至少在英國是如此。該報導指出，「女性駕駛不僅在考駕照時，得分高於男性。在英國最繁忙的交叉路口——海德公園角（Hyde Park Corner）的匿名觀察中，她們的表現也優於男性駕駛。」

圖表與謊言

以下是利用圖表呈現來玩弄資料的例子。假設一家公司的股價在2015年1月到2016年1月之間，從27美元漲至28美元。在這個電腦主宰的年代，大家喜歡用圖表與簡報來展現這些資訊。但如何做好這類資料呈現？這要看觀眾而定。

如果這是給國稅局看的，建議使用下頁的第一個圖。

誠如該圖所示，狀況看似不太好，彷彿死人的脈

搏，連最鐵石心腸的稅務員看了也於心不忍吧。

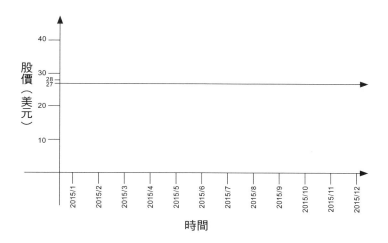

時間

如果同樣的資料是提交給公司的董事會，我會稍微修改圖表，讓它看起來像下頁的圖。

你看那根箭怎樣！它不僅顯示股價飆漲了，而且看來還會繼續上漲。

這兩種展示的區別在於其中一個比例尺，也就是我們挑選特定的尺度標準。只要用點想像力，花點心思，我們可以用符合需求的方式來呈現任何東西。

我在一個電視廣告中，看到一個圖表顯示三家服務公司的客戶滿意度。拍那支廣告的公司自然得分最

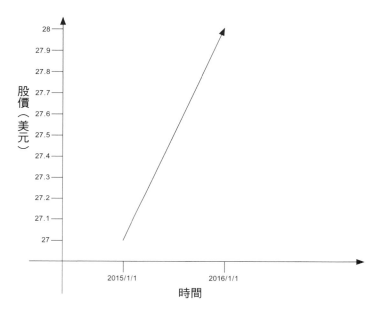

高：7.5分（滿分是10分），另兩家競爭對手分別是7.3分與7.2分。那個圖表沒有顯示抽樣的客戶數量，所以我們無從得知這三家公司的差異是不是真的。總之，數字呈現如下圖所示：

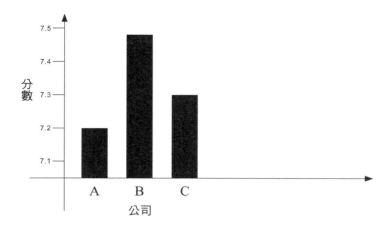

これらの長條給人一種印象：這家打廣告的公司遙遙領先競爭對手。還真是意想不到！

英國前首相班傑明‧迪斯雷利（Benjamin Disraeli）曾說，世界上有三種謊言：謊言、該死的謊言和統計數字，他可能說的沒錯。然而，事實上，這個故事可能也是錯的。馬克‧吐溫說那句話是迪斯雷利說的，但從來沒有人宣稱他聽過這位英國首相說出這句名言，他的作品中也找不到這句話。

辛普森悖論

1973年，調查加州大學柏克萊分校性別歧視投訴案的人員發現，約8,000名男性及4,000名女性申請研究所，男性的錄取比率遠高於女性。大學因此遭到性別歧視的指控，但大學真的歧視女性嗎？調查人員察看各系所的錄取資料，發現如果真有理由提出訴訟，那理由是反向的歧視：該大學的所有系所都偏好女性申請者，從百分比來看，錄取的女性高於男性。

如果你不熟悉統計學（或分數的計算），會認為這似乎是不可能的事。畢竟，如果所有系所真的偏好女性，整所大學應該也會呈現出同樣的性別偏好，然而情況並非如此。

英國統計學家愛德華‧辛普森（Edward H. Simpson）在1951年的論文〈解讀列聯表中的互動關係〉中，描述這個現象。[1] 如今我們稱之為「辛普森悖論」（Simpson's Paradox）或「尤爾—辛普森效應」（Yule-Simpson Effect）。英國統計學家烏德尼‧尤爾（Udny Yule）早在1901年，就提過類似的效應。這裡，我不用柏克萊的實際資料來解釋這種現象，而是

用簡單的假設版本來解釋。

假設某大學只有數學系與法律系，並假設有100位女性和100位男性申請了數學系，系方錄取了60位女性（或60%）與58位男性（或58%），看起來數學系比較偏好女性。另有100位女性申請了法律系，其中40位（或40%）獲得錄取，僅3位男性申請法律系，其中1位（或約33%）獲得錄取。33%比40%少。因此，看起來兩系似乎都偏好女性。然而，看整所大學的資料時會發現，申請入學的200位女性中，有100位（或50%）獲得錄取。申請入學的103位男性中，有59位（或約57%）獲得錄取，男性的錄取率高於女性。

這要怎麼解釋？

與其講理論細節，讓我提供一種直覺的解釋。根據上述資料，顯然法律系的申請比較嚴格。因此，許多女性（100人）申請法律系時，她們在數學系的60%錄取率失去了很大的價值。由於申請這兩個系的女性人數相同，兩系的女性總錄取率是60%與40%的平均，亦即50%。然而，男性意識到法律系的入學審查比較嚴格，僅3名男性申請法律系，而且由於只有1名

男性獲得錄取（即使沒有男性獲得錄取，也不會有什麼變化），這只會使男性的數學系錄取率略微下降。

　　結論是，儘管兩系都偏好女性，但由於有更多女性申請錄取率較低的法律系，因此把兩系的錄取率合起來看時，男性的錄取率較高。

　　坦白講，辛普森悖論只是告訴我們簡單的分數法則而已。下面的式子是以分數來描述這個故事：

60/100>58/100，
而且40/100>1/3，
但是（60+40）/（100+100）<（58+1）/（100+3）。

　　一位聰明的男人曾說，資料讓他想到穿比基尼的女人：露出來的部分很美好，令人心潮澎湃，但真正重要的是遮住的部分。

　　我們可以同理舉出很多例子。例如，想像兩位籃球員史蒂夫與麥克，即使史蒂夫連續兩年的得分統計數字都比麥克高（以投籃命中率來算），但把兩年的統計數字合起來看，會發現麥克的命中率較高，如下表所示。

	2000 年	**2001 年**	**兩年合併**
史蒂夫	100 次投籃，60 次得分：命中率 60%	100 次投籃，40 次得分：命中率 40%	200 次投籃，100 次得分：命中率 50%
麥克	100 次投籃，58 次得分：命中率 58%	10 次投籃，2 次得分：命中率 20%	110 次投籃，60 次得分：命中率 54.5%

　　為了闡明究竟發生了什麼，我把這個例子設計得和前例非常相似。根據上表，2000年與2001年史蒂夫的命中率較高，但兩年合起來算時，麥克的命中率較高。這種出乎意料的結果之所以會出現，主因在於2001年那個糟糕的賽季，麥克的投籃次數較少。

　　我們也可以想像兩位投資顧問某甲與某乙，某甲的上半年績效與下半年績效都優於某乙（這裡的績效是指投資組合中有獲利的比率）。但一整年來看，某乙的績效比某甲好。

　　我第一次接觸這個悖論時，看到的案例是兩家醫院，資料如下：大家都知道，男性比較願意去醫院A，避免去醫院B，因為醫院A的男性死亡率比醫院B低。而去醫院A就醫的女性，也比去醫院B的女性活

得更長。然而，把兩性的數字合起來看以後，醫院B的死亡率卻比醫院A低。我鼓勵聰明的讀者在下表中填入數字，看這個例子是如何運作的。

	男	女	合併
醫院 A			
醫院 B			

百分比唬了你

解讀數值分析的問題之一，在於我們很容易把百分比視為絕對值。例如，我們感覺80%比1%多。然而，如果讓我們從一家小公司的80%股份，與微軟等業界巨擘的1%股份之間選一個，我們會馬上意識到百分比數字與美元數字不同。

那我們說「他錯過一次百發百中的機會」時，你怎麼想？

或者，「這種藥物可讓三成抽菸者心臟病發的機率降低17%」，這句話是什麼意思？

下面哪個方案比較好：一件打7.5折，還是加購的第二件半價？為什麼？

　　根據百分比做決定時，要小心謹慎。

　　我們也可以在股市交易中看到百分比案例。當我們聽到某檔股票漲了10%，之後又跌了10%，我們不該認為它是回到最初的水準。如果那檔股票本來是100美元，漲了10%後是110美元，但這時又下跌10%，其實是跌了11美元，等於只剩99美元（妙的是，如果股票先下跌10%，然後又上漲10%，你也會得到同樣的結果）。如果情況改成是出現50%的漲跌幅（變150美元和75美元），這種差距會更顯著。如果是上漲100%後，又下跌100%，那將出現顯著的極點：股價先翻倍後，又變得一文不值。

　　很多人不明白，股價先漲90%後，再跌50%，其實是賠錢的。你覺得難以置信嗎？我們來算一下。假設你的股票是100美元，先漲90%，股價來到190美元。接著跌了50%，現在只值95美元。因此，理財顧問吹噓他推薦你的股票之前漲了90%，後來只跌50%時，許多人會以為那年他賺了40%，沒有人會相信他其實賠錢了。

但如果我們連百分比都不懂，想像一下談機率時（主要是未來事件），可能出現什麼狀況。

機率、《聖經》、九一一恐攻與指紋

一位學者曾向我展示很妙的把戲。希伯來文《創世記》的第50個字母是T，再數50個字母是O，接下來第50個字母是R，再50個字母（亦即第200個字母）是A。把它們拼在一起是TORA（托拉），亦即希伯來文的摩西五經（Pentateuch）或教義。這是偶然造成的，還是預先設計的？在《聖經》中尋找各種有意義的編碼間隔，曾是一種熱門的休閒活動，許多文章與書籍專門探討這個主題。所以《聖經》真的包含那種祕密資訊嗎？撇開這個主題的神學面不談，這主要是統計問題，我們也可以把它套用在其他大部頭的書上，例如《戰爭與和平》。那些書也包含這些有趣的組合嗎？可能有喔。此外，《白鯨記》、《安娜·卡列尼娜》以及許多大部頭的書裡，也可以找到很多有趣的組合。（想像一下，在普魯斯特的七卷小說《追憶似水

年華》中，我們可能找到什麼。）

九一一恐攻後，幾項和這起暴行有關的巧合「事實」，令許多紐約人為之震驚。例如，第一架撞上世貿大樓的飛機航班號碼是11；New York City（紐約市）是由11個英文字母拼寫而成；Afghanistan（阿富汗）和George W. Bush（喬治・布希）也是由11個英文字母拼成。此外，9月11日是那年的第254天。你可能會問，那又怎樣？2+5+4=11。連世貿中心雙子星大樓的形狀也讓人想起數字11，真是恐怖！

另一個有趣但不太相關的問題，是利用指紋破案的技藝。我認為，法院因犯罪現場發現的指紋與嫌犯相同就準備定罪時，應該先考慮附近的人口規模。據我所知，指紋配對從來不是絕對確定的，而是指一定數量的相同形狀（富蘭克林曾說，這世上只有兩件事情是確定的：稅收與死亡。他並沒有提到指紋）。指紋配對錯誤的機率是1：100,000或1：200,000，看你讀哪一本書而定。因此，在人口僅200人的小鎮上，犯罪現場發現的指紋與嫌犯的指紋相符時，找到犯罪者的機率很高，因為在那個鎮上不太可能找到指紋類似的人。但是，這種方法應用在紐約、倫敦或東京等城

市的犯罪時，我們有理由認為，可能發現較多有相似指紋模式的人。

平均數、中位數……究竟意味著什麼？

許多日常情境中常提到平均數，但我覺得，平均數是統計界最令人困惑的主題。例如，假設我們知道快樂國的平均月薪是10萬美元，這意味著什麼？我問了幾位聰明人，結果發現很多人以為這表示有一半快樂國的人民月薪高於10萬美元，另一半國民的月薪不到10萬美元。這當然是錯的。因為將人群平分為兩組的資料點是**中位數**（median），不是平均數。至於上面提到的平均數，很可能是僅少數人的月薪特別高，絕大多數人的月薪很少。舉例來說，有7人在一家假想的銀行分行工作，其中6人拿普通薪資，但分行行長的薪水是700萬美元，那使這家銀行的平均薪水超過100萬美元。畢竟，光是把行長的薪水除以7，每人就可以分到100萬美元了，所以實際的平均值肯定更高。在這個例子中，僅一人的薪資高於平均值，其他

所有人的薪資都低於平均值，所以一半以上員工的收入低於平均薪資。眾所皆知，在許多國家，僅約30%到40%的勞工薪資高於平均薪資。

平均值的問題在於，它對極端值很敏感。如果只有行長的薪資加倍，平均薪資幾乎也會加倍，但實際上其他人的薪資一毛也沒漲。然而，中位數（切記，中位數是指在一個從低到高排列的數列中，位於「中間」的數字）則造成相反的問題。行長加薪對中位數毫無影響，因為中位數對極端值完全**不**敏感。因此，如果想以合理的數字來呈現一種情境，必須同時使用中位數與平均值、標準差與分布形態。有趣的是，新聞報導薪資時，幾乎一定是使用平均薪資，或家庭的平均開支（希望你現在已經了解原因了）。顯然，新聞編輯認為他們不該再把統計議題複雜化，那只會讓觀眾轉台。但你身為觀眾不能根據這些資料得出結論。看來，一名統計學家把一隻腳泡在冰水中，另一隻腳泡在熱水中，（平均起來）感覺很棒。

平庸的財政部長

　　有一次，我看到一篇報導引述某國財政部長的話，他說，希望有朝一日，該國所有勞工的薪資，都能高於該國的平均薪資水準（有時大家說這句「至理名言」是柯林頓說的）。我不得不承認這是一個絕佳點子。我們唯一能做的，是祝這位財政部長長命百歲，畢竟他要活得夠久才能等到夢想實現。一位讀者看到那篇報導時，指出財政部長根本不懂平均值的概念，他還好心地解釋，那是指「一半的勞工賺得比平均值高，另一半的勞工賺得比平均值低」。顯然他也不是統計專家，他把平均數與中位數搞混了。

每個人都認為自己優於平均……是可能的？

　　還有一次，我看到一篇報導，那位記者應該是略懂統計學才對。他說，每個人都認為自己的開車技術比平均水準好。這位記者說，數學上來說，多數駕駛

的開車技術都比平均水準好是不可能的。他錯了，且聽我簡單解釋一下。假設5位駕駛中有4位在去年出過一次車禍，第5位出了16次車禍。他們5人共經歷了20次車禍，平均每人出4次車禍。所以，5位駕駛中確實有4位的開車技術比平均水準好。下次，你讀到「幾乎每個人都認為自己的開車技術比平均水準好」時，別再輕易地嗤之以鼻，天曉得？也許他們是對的（至少統計上來說是如此）。

荒謬的「數字會說話」

關於統計，最奇怪也是最有趣的一件事，就是許多沒修過這門課的人，認為他們懂這門學問（告訴我誰沒修過微積分或泛函分析，但敢宣稱自己懂那些東西的）。大家常說：「數字會說話。」這說法實在很荒謬。我從來沒聽過數字7為自己說話，或跟數字3對話，你聽過嗎？

有趣的讀物

　　這裡我想推薦兩本好書。[2] 第一本是數學家約翰‧艾倫‧保羅斯（John Allen Paulos）的《數學家讀報》（*A Mathematician Reads the Newspaper*），他在書中說明他（數學家）對新聞的解讀與一般人（中位數）有什麼差異。另一本是達瑞爾‧赫夫（Darrell Huff）的《別讓統計數字騙了你》（*How to Lie with Statistics*）。我教統計學時常用這本書，這本書可以幫學生減少對這門課的厭惡。

第 11 章

機率的把戲

◆ ♣

♠ ♥

在本章中，我們會了解所謂的「機會」究竟是
什麼。我們會拋硬幣與擲骰子，討論手術台上
機率的意義，幫醫生避免做出錯誤的診斷，並
試圖在撒謊下通過測謊儀的測試。

硬幣的黑暗面

乍看之下，「機會」或「機率」的概念很簡單，一般人確實常說這樣的話：「明天很有機會下雪」、「未來45年我開始運動的機率微乎其微」、「擲骰子看到6的機率是1/6」、「明年夏天開戰的機率增加了一倍」或「他很可能無法復原」。然而，等到我們開始探索及研究這個概念，卻發現這個概念複雜多了，也令人更加困惑。

我們從最簡單的例子看起：拋硬幣。隨便問一個人，拋一枚硬幣時，正面朝上的機率，他很自然會說機率約一半。這可能是正確答案，但是進一步追問：「你為什麼說『一半』？這是根據什麼？」大家就開始感到困惑了。

我教機率或演講談到這個主題時，聽眾總是給出相同的答案：「因為只有兩個選項：正面朝上或反面朝上，所以機率是50：50。或者說，每拋一次，有一半的機率出現正面，一半的機率出現反面。」這時我會開始刁難他們，舉另一個例子。既然我們是在討論機率，我說，貓王可能走進門，為我們高唱〈Love Me

Tender〉，也可能他不會出現。這也是兩個選項，但我不會說機率是50：50。我們也可以想一些沒那麼迷人的事情。比方說，我撰寫這些文字的當下，頭上的天花板可能塌下來，也可能不會。如果我相信機率是50：50，我會馬上衝出房間，儘管我正寫得起勁。在另一個例子中，我朋友剛切除扁桃腺，他也是面臨兩種情況：手術順利，活了下來，或手術不順利。他的朋友都希望結局圓滿，他們幾乎都很肯定手術成功的機率大於一半。

我們可以舉出許多這樣的例子，但基本原則很清楚：有兩個選項並不保證它們發生的機率是50：50。儘管那個想法在我們腦中根深柢固，但以為「兩個選項」與「發生機率各半」之間密切相關，幾乎一定是錯的。

那麼，為什麼大家會說，拋硬幣時，正面朝上與反面朝上的機率各半？事實是，我們沒辦法確切知道這點。這不像富蘭克林說的那種必然會發生的事情。如果我們想證實正反面朝上的機率各半，我們應該雇用一位剛退休的閒人，給他一枚硬幣，讓他拋很多次（我們可以詭稱這是職能治療）。此外，硬幣必須拋很

多次。因為如果只拋8次，那可能有多種結果。例如：6次正面，2次反面；7次正面，1次反面；或者正反面次數顛倒過來；4次正面，4次反面；或其他任何組合。不過，如果我拋1,000次，最後的結果可能接近1：1，正反面次數大約各500次。但是，如果結果是600次正面，400次反面，我們可能會懷疑那枚硬幣受損，導致一面朝上的機率，比另一面朝上的機率大。這種情況下，我們可以認為正面朝上的機率約0.6。

誠如前述，連硬幣那麼簡單的東西也可能造成問題，我們甚至還沒開始問比較難的問題呢。例如，我們可以問，為什麼拋硬幣時，結果是約500次正面朝上，500次反面朝上？畢竟，硬幣又沒有記憶，每次拋擲都不受上次拋擲結果的影響。我的意思是，一枚硬幣連續出現4次正面朝上後，它不會想：「好，夠了，該改變了，平衡一下。」為什麼不會出現連續多次正面朝上？為什麼兩種結果的出現次數差不多？（這是發人深思的事情。）

骰子遊戲的啟示

　　底下的故事可以稍微解釋一下，為什麼拋硬幣的結果會趨向一個可預測的模式。我們請一個人擲一顆骰子100次，然後報告結果。他告訴我們，每次他都擲出6點。我們當然不相信他的說法，但如果他告訴我們，他擲骰子的結果是1、5、3、4、2、3、5之類的，我們會相信他。我們甚至會納悶，他何必告訴我們那些隨機的數字，那個結果實在太無聊了！然而，他得出前述兩種結果的機率是一樣的。事實上，這兩種結果的機率都是1/6的100次方，也就是幾乎接近零（這也讓我們不禁思考，為什麼發生機率接近零的事情還是發生了。這是涵蓋範圍很廣的問題，當我們抽離到很遠去觀察，那些發生在我們身上的幾乎所有事情——從我們「出生」這個事實開始，看起來根本不該發生，但確實發生了。）

　　為什麼我們不相信他連續擲出100次6點，卻認為第二種數列完全可信？第一次擲骰子時，比較可能出現6點，還是1點？顯然，沒有區別。那第二次呢？比較可能出現6點，還是5點？同樣也是沒有區別。兩個

數字出現的機率一樣。

這是怎麼回事？

這裡的狀況可能令人混淆，因為我們好像在談一個「純粹由6點組成的數列」以及一個「混合數列」，前者確實很難辦到，後者非常簡單。但是，某個**特定的**混合數列和一個純數列其實一樣罕見。

手術成功的機率是……

我們來思考一個醫學例子。假設某個手術療程的成功率是95%，這意味著什麼？首先，我們應該知道，討論手術的成功率（及類似的問題），應該盡可能有很大的樣本。那種機率或許對外科醫生來說有意義，但是對病人來說不是絕對清楚。假設某位外科醫生在未來一年會開1,000次這種手術，他知道950例會成功，50例不會成功。然而，他的病人不會安排接受數百次手術，因此這種成功率對他來說意義不同。病人只會動這一次手術，而且這次手術要麼成功，要麼失敗。但是，如果我們因此說這個病人手術成功的機

率是50：50，這當然是錯的。對病人來說，手術成功的機率也是95%。但是，那究竟意味著什麼？

我們現在假設這個外科醫生是名醫，每次手術收費7萬美元。但病人面臨一個選擇：他知道另一位醫生目前為止動過的手術成功率是90%，他的病人可用保險支付手術費，所以病人不必再繳自付額。你會選擇哪位外科醫生？如果那位接受保險給付的外科醫生的手術成功率僅17%，那又怎麼選擇？你的選擇標準是什麼？

南非醫生克里斯蒂安・巴納德（Christiaan Barnard）是第一位完成人類心臟移植手術的醫生。路易・瓦什坎斯基（Louis Washkansky）就是接受那次心臟移植手術的患者，他見到巴納德時，問醫生手術成功的機率有多大。巴納德毫不猶豫地回答：「80%。」巴納德那樣說的意思是什麼？我的意思是說，那是人類史上第一次移植人類心臟，以前從未做過這種手術，是史無前例的。以前沒有類似的手術可以比較，也沒有紀錄可循，所以巴納德的自信說法意味著什麼？

醫生就像多數人一樣，常誤解機率的概念（只不過以他們的情況來說，誤解比較危險）。英國心理學家

兼作家史都華‧薩瑟蘭（Stuart Sutherland）在1992年出版的著作《非理性》（*Irrationality*）中提到，美國做過一項研究，對醫生提出以下的假設情況。[1] 某種檢測應該可以驗出某項疾病。如果受測者確實有那個疾病，驗出有病的機率是92%。接著，研究人員問醫生：「如果檢驗結果是陽性，病人確實患病的機率是多少？」令人訝異的是，那些醫生至少是懂數學的人，他們竟然不明白這是兩件截然不同的事情。他們認為，既然檢驗結果是陽性，病人患病的機率也是92%。（理科生的許多機率教科書上，都有這個問題的不同版本。更何況在醫學術語中，「陽性」意味著患病。）

這裡有一個例子可以解釋這些醫生犯的錯誤。我看到外面下雨後，出門帶傘的機率是100%。但是，我帶著傘出門，遇到下雨的機率就不到100%了。這是兩件截然不同的事情，有兩個完全不同的機率。同樣的，如果一個人患病，那個檢測驗出有病的機率是92%。但是，檢測結果是陽性，那個接受檢測的人患病的機率是完全不同的。假設這個檢測是針對一種很可怕的疾病：檢測結果為陽性的人，應該馬上陷入恐

慌嗎？沒必要。如果想知道他得病的確切機率，我們需要更多的資料。例如，我們需要知道罹患這種疾病的人口群組規模，以及假陽性（亦即誤判健康者罹病）的比率。

　　為了幫大家了解，患病機率不到92%的情況有多常出現，我舉一個簡單的例子。假設總人口中僅1%罹患這種病，並假設檢測得出假陽性結果的機率是1%（每100個接受檢測的人中，僅1人被誤判罹病）。為了簡單起見，我們進一步假設，有100人接受檢測，其中一人確實有病。此外，我們比上個例子更寬容一點，假設這個檢驗確實驗出那個有病的人，所以剩下那99人中，有一個是驗出假陽性結果。總之，100人中驗出兩人患病，但只有1人是真的患病。因此，檢測結果呈陽性時，那個人真正患病的機率是50%（！）這確實是低於92%。

　　醫生做出錯誤的診斷時，後果可能很可怕。醫生、法官和其他可能影響我們生活的人，難道不該學習如何正確地以機率思考嗎？

測謊儀顯示他在說謊……那又如何？

你消化吸收上述問題時，我再舉一個類似的例子。假設美國聯邦調查局（FBI）決定找出刺殺甘迺迪的真兇。經過多年的徹底調查後，勤奮的偵查員列出一份完整的嫌犯名單。而需要偵訊的人有100萬人（我已經四捨五入了），他們都要接受測謊儀的測試。現在假設受測者撒謊時，測謊儀驗出他們不誠實的機率是98%，但也有5%是誤判（誤指誠實的人在說謊）。假設這100萬名嫌犯都否認涉入甘迺迪刺殺案。

基於對測謊儀發明者的尊重，我們假設，真正的兇手接受測試時，測謊儀顯示他在說謊。那又如何？這台儀器對其他5萬人也發出同樣的訊號，顯示他們在說謊（遺憾的是，100萬的5%就是5萬，這些人遭到冤枉）。現在有50,001個陽性結果，感覺像是集體謀殺案。而從這些嫌犯中找出真兇的機率是 1：50,001。

我想，你已經開始明白，為什麼以不確定的測試來找出單一事件（每千人中有一人染病，或百萬人中有一個謀殺犯）是有問題的。這種令人驚訝的結果稱

為「假陽性之惑」（false-positive-puzzle）。我們的測試提供了「幾乎確切」的結果，但是那個「幾乎」與測試事件的罕見性結合在一起時，會得到令人驚訝的結果。

這裡的結論很清楚。如果一個測試無法得出絕對確切的結果，它就無法有效地發現罕見事件。

第 12 章

怎麼分攤，
才公平？

在本章中，我會舉一個公平分攤機場費用的問題。這個問題是探討賽局理論的公平正義性。公平正義能獲得伸張嗎？

電梯糾紛

連最年長的租客，也不記得這棟建築曾發生過那麼激烈的爭執。這起爭議始於住在最頂層的約翰一家。約翰與妻子及兩個月大的雙胞胎住在四樓，他們提議，或者更確切地說，是懇求租戶在他們那棟樓內安裝電梯。約翰也希望所有的租戶平均分攤成本。獨居的一樓租戶艾德里安說，他不需要電梯，也永遠不會用到電梯，所以不會出一分錢，於是就爆發了爭執。莎拉與先生詹姆斯及兩隻貓住在二樓。莎拉說，他們會出點錢，但只是象徵性的支持，因為詹姆斯是運動員，永遠不會搭電梯，而她只會用電梯運送特別龐大的雜貨。三樓的珍認為……

算了，珍說了什麼並不重要，你可以想像他們如何爭論不休。重點是，如果租戶住在不同樓層，如何分攤安裝電梯的成本？

我可以告訴你答案，但電梯問題比較無聊。我舉另一個比較有趣的例子：一個有關機場的故事。

機場問題[1]

　　從前有四個朋友：亞伯、布萊恩、凱文、丹。他們都是人生勝利組，決定買飛機犒賞自己。他們也同意一起打造一條私人飛機跑道，只供他們四人使用。丹是四人中財力最少的，他買了雙人座的賽斯納飛機（Cessna）。凱文決定多花點錢，買四人座噴射機。布萊恩稍微富裕一些，他買了里爾85（LearJet 85）。亞伯最近大賺了一筆，完全得意忘形，買了雙層機艙的空中巴士A380（Airbus A380），還內建機上游泳池、頂級健身房、印尼式spa、全像投影電影院。他還雇用一位前太空人來當機長，一群超級模特兒來當空姐，總計花費4.44億美元。

　　接著到了建飛機跑道的時候，那條跑道必須能承載亞伯的空中巴士A380，造價是20萬美元。顯然，另三人的較小飛機也可以使用那條跑道。但布萊恩實際需要的跑道，造價是12萬美元；凱文只需造價10萬美元的跑道；丹只需造價4萬美元的跑道。

　　這四個朋友該如何分攤20萬美元的跑道造價，讓他們共享一條跑道，又不必支付其他人的份額？

亞伯是這四人中最有錢、也最年長的，他提出一個相對比例方案：他願意支付凱文的2倍（20/10），丹的5倍（20/4），布萊恩應該支付丹的3倍（12/4）。如果你想為六年級的學生解開這道數學題，你可以驗證一下底下我算出來的數字：亞伯需要支付8萬6,956美元，布萊恩需要支付5萬2,175美元，凱文需要支付4萬3,478美元，丹需要支付1萬7,391美元（我稍微把這些數字四捨五入，使總數達到20萬美元）。

　　四位朋友中，有三人認為這是公平的方案，但最近剛積欠新債務的丹（部分是因為他剛買了那架飛機），有不同的看法。「如果你們都跟我一樣買小飛機，我們只要花4萬美元興建跑道。亞伯買了最貴又最大的飛機，他應該花自己的錢興建跑道。要是只有他買飛機，我們都沒買，他無論如何都要付20萬美元建跑道。事實上，我們只是在幫他完成他的計畫。我知道我們都是朋友，我也不指望超級富豪做出那麼慷慨的舉動。我只是想要更公平、合理的分配方式。如果你們學過賽局理論，懂『夏普利值』（Shapley value），就會知道它的優點。」

　　讀者可能已經知道，夏普利是2012年諾貝爾經濟

學獎的得主,所以我認為他值得關注。我認為丹(根據夏普利值)提議的方法,比亞伯提議的比例分配法更公平。「我們四人都會用到我的飛機所需要的跑道。」丹說,「這部分的造價是4萬美元,所以應該由我們四人均分,每個人都付1萬美元。」

「我不需要下一區段,但凱文、亞伯、布萊恩會用到。這部分的價值是6萬美元(整段跑道是10萬元),你們三人平分那段跑道,每人都付2萬美元。同樣的,亞伯與布萊恩應該平分2萬美元那段跑道,亞伯應該支付那段只有他使用的8萬美元跑道(那段使整條跑道的總成本達到20萬美元)。」

下表歸納了這個提案:

區段成本	40,000	60,000	20,000	80,000	每人總額
丹	10,000	0	0	0	10,000
凱文	10,000	20,000	0	0	30,000
布萊恩	10,000	20,000	10,000	0	40,000
亞伯	10,000	20,000	10,000	80,000	120,000

下表比較丹與亞伯的提議：

	丹的提案	亞伯的提案
丹	10,000	17,391
凱文	30,000	43,478
布萊恩	40,000	52,175
亞伯	120,000	86,956

顯然，丹的提議對他自己有利，對凱文與布萊恩也有利。他們採投票表決，丹的提議以3：1多數通過。這是社會正義的最佳表現：有錢人支付一半以上的總成本。

那就是夏普利的解決方案。但即使他是諾貝爾獎得主，夏普利方案和賽局理論的任何方案一樣，只是沒有約束性的建議。

這個故事本來可以圓滿落幕，但亞伯說他不會付錢，顯然他不在乎因此**失去**三位朋友。他揚言，如果他們不採用他建議的比例分配法，他會退出群組，讓他們三個**窮人**自己支付跑道費用。「如果我要付總費用的一半以上，」亞伯說，「我還不如支付全額，擁有自

己的機場，我又不是付不起這筆錢。」

三位朋友請亞伯給他們一點時間，他們意識到，如果亞伯退出，他們需要分攤12萬美元的跑道費用。要是他們接受亞伯的建議，三人只要支付11萬3,044美元（總價20萬減去亞伯的8萬6,956美元），這比亞伯退出後的成本少。

究竟他們該向亞伯屈服，還是堅持自主性？你猜呢？提示：布萊恩是新富豪。

我們來算一下成本（為了社會正義，我們把新富豪布萊恩的數字無條件進位）：

區段成本	40,000	60,000	20,000	每人總額
丹	13,333	0	0	13,333
凱文	13,333	30,000	0	43,333
布萊恩	13,334	30,000	20,000	63,334

如果根據丹的新模型來分攤成本，對他和凱文來說，這個方案還是優於亞伯的方案（雖然對凱文來說差距很小），但布萊恩身為三人中最富有的，注定承受損失。

布萊恩會退出嗎？還是他會加入亞伯陣線？如果
這個團體尋求仲裁，那會如何解決？而這個問題與公
寓大樓加裝電梯所引發的鄰里糾紛，有什麼關係？還
有，這個問題與經濟領導人必須面對的分配難題（如
在不同的人口階層之間，如何公平地分攤基礎設施的
成本），又有什麼關係？你有工具可以思考這些有趣的
問題。

第 13 章
信任賽局

♠ ♥

在本章中，我們會認識卓越的印度經濟學家考希克·巴蘇（Kaushik Basu）。他發明了「旅客困境」（Traveler's Dilemma）這個思想實驗。巴蘇教授以這個賽局證明，只在乎自身利益、不信任他人，其實是害人害己。在這種情況下，納許均衡是糟糕的結果。相反的，玩家把策略擱在一邊、展現信任時，結果會更好。

中式花瓶丟包案

　　有兩個朋友 X 與 Y 參加一場在哈佛大學舉行的策略思維研討會。飛回國之前，他們走訪波士頓以古董店著名的查爾斯街。在一家古董店裡，他們找到一對一樣的中式花瓶，瓶身的畫風精美，售價特別便宜，他們各買了一支。但不幸，航空公司搞丟了他們的行李，放在行李中的花瓶也跟著遺失了。航空公司決定立刻補償 X 與 Y，並把他們請去失物招領部門經理的辦公室。簡短談話完後，經理發現他們對策略思維很感興趣，因此決定以下列方式補償他們。經理請他們到不同的房間，在一張紙上寫下他們希望補償的花瓶金額。那個數字可介於 5 美元到 100 美元。如果他們寫的數字一樣，每人都可以獲得那個補償金額。要是他們寫的數字不同，每人都會拿到那個較低的金額。不僅如此，那個寫較低金額的人，還可以多拿到 5 美元的額外補償，但寫較高金額的人則要多扣除 5 美元。舉例來說，如果 X 寫下 80 美元，Y 寫下 95 美元，X 可拿到 80+5=85 美元，Y 則拿到 80－5=75 美元。

　　你會填多少？

乍看之下，似乎兩人都應該填100美元，因為這樣雙方都可以拿到100美元，理智的人可能會這樣做。但如果X和Y抱持經濟學的觀點（這種思維方式往往使人變得心胸狹隘），那會怎樣？多數人屬於「經濟人」，也就是說，盡量把握機會追求個人財富的最大化。那種思維方式會預測出截然不同的數字。

在這種賽局中，納許均衡是5美元。也就是說，雙方都選擇5美元，並收取那個微薄的補償。請聽我解釋。

如果X認為Y寫的數字比100美元少（他覺得Y想出低價，以便多拿5美元的補償金），他不會寫100美元，這點顯而易見。但即使X認為Y寫100美元，他也不會寫100美元。相反的，他會選擇寫99美元，這樣就可以拿到104美元（99+5）。

Y知道X怎麼想，知道X不會寫下比99美元更高的數字，因此依循X之前的思考模式，Y寫下的數字不會超過98美元。依此類推，X寫的數字不會超過97美元……如此繼續下去，這會在哪裡停下來？我知道：他們必須停在5美元。這是保證雙方事後都不後悔的唯一選項，所以這是納許均衡。

這讓我們想起邱吉爾的觀點：「策略再怎麼好，都要偶爾看看結果。」

旅客困境：害人也害己的「理性」決策

這種策略性的非零和賽局，稱為「旅客困境」，是1994年由重要的印度經濟學家巴蘇發明的。巴蘇教授也發明了一種競賽版的數獨（Sudoku），名叫Dui-doku。在本書寫作期間，他是世界銀行的首席經濟學家及資深副總裁。

旅客困境顯示，最佳方案與透過納許均衡取得的方案相去甚遠。在這種情況下，只在乎自身利益其實害人也害己。這個賽局的一項廣泛行為實驗（有真正的金錢獎勵），促成了有趣的啟發。

「在沒有實證之下，我們無法在非零和策略賽局中，推斷出什麼是可理解的。就像我們無法靠純粹的正式演繹，證明某個笑話一定很好笑一樣。」

——湯瑪斯・謝林（Thomas Schelling）

2007年6月，巴蘇教授在《科學人》上發表一篇文章談旅客困境。他說，在現實中玩這個簡單的賽局時（我必須補充提到，這不是零和賽局，因為玩家得到的金額不是固定的，而是由各自選擇的策略決定的），大家通常會拒絕（合理的）5美元選項，常選100美元的選項。事實上，巴蘇指出，玩家缺乏相關的正式資訊，因此忽視經濟解方時，反而可以獲得更好的結果。也就是說，放棄經濟思維、信任對手，是合理的做法。這一切歸結到一個簡單的問題：我們能信任賽局理論嗎？

　　「所有人都會犯錯，但只有聰明人會從錯誤中記取教訓。」

──邱吉爾

　　關於這個賽局的另一個有趣發現是，玩家的行為因額外獎賞的多寡而異。額外獎金很少時，重複進行的賽局會促成他們盡量追求最高的補償。然而，要是潛在補償夠可觀，補償金會趨向納許均衡，亦即可申報的最低金額。2002年獲得以色列經濟學獎的艾瑞

爾・魯賓斯坦教授（Ariel Rubinstein），對不同文化的研究進一步證實了這個結果。

　　巴蘇認為，誠實、正直、信任、關愛等道德特質，對完善經濟與健全社會來說是必要的。雖然我完全同意他的看法，但我非常懷疑世界領導人與經濟政策的制定者具備這些特質。畢竟，正直與信任等特質往往無法在政治競選中帶來任何優勢。要是以這種道德標準為準則的人真的身任政治或經濟要職，那簡直是奇蹟。

鹿、兔子、新創企業與哲學家

　　下表是「獵鹿賽局」（Stag Hunt）的賽局矩陣：

	鹿	兔
鹿	2，2	0，1
兔	1，0	1，1

　　兩個朋友到森林裡打獵，森林裡有很多鹿與兔

子。兔子代表獵人能獵到的最小戰利品，鹿代表最大的戰利品。獵人可以自己獵捕兔子，但必須合作才能獵到鹿。這個賽局中有兩個平衡點：兩個獵人可以去獵兔子或獵鹿。他們選擇更大的目標會更好，但他們會那樣做嗎？這是信任的問題。如果雙方都認為對方是可靠又合作的夥伴，他們可能會一起獵鹿。

在這個賽局中，兩位獵人必須在兩個選擇中挑一個：一定會得到、但較差的結果（兔子）。或是，比較大且前景較好的結果（鹿），但這需要信任與合作。

即使兩個獵人握手以示合作，決定一起獵鹿，其中一人還是可能打破承諾，因為他擔心對方說不定也會食言。而勝「兔」在握，總是比沒人幫你獵鹿好。

當然，類似的情況也可以在森林外看到。一位高科技公司的老將打算辭職，和朋友一起創業。他正要向老闆請辭前，突然擔心萬一朋友不辭職，他會因此進退兩難，既辭去現有的工作（兔），也無法創立夢想的新創公司（鹿）。

在賽局理論出現的多年前，哲學家大衛・休謨（David Hume）與盧梭討論合作與信任時，曾提到這個賽局的口頭版。

有趣的是，雖然一般認為，「囚犯困境」是最能體現信任與社會合作問題的賽局。但一些賽局理論專家認為，獵鹿賽局其實是研究信任與合作的更有趣情境。

我能信任你嗎？

有人給莎莉500美元，並告訴她，她可以分給貝蒂任何金額，甚至完全不分給貝蒂也沒關係。貝蒂最終拿到的錢，是莎莉決定分給貝蒂的金額乘以10。所以，如果莎莉給貝蒂200美元，貝蒂其實可以拿到2,000美元。在賽局的第二階段，如果貝蒂願意，她可以從她實際獲得的金額中還錢給莎莉。

你認為會發生什麼？注意，這個賽局的總價值（亦即兩個玩家可獲得的最大總額），是5,000美元。

假設莎莉給貝蒂100美元，這表示貝蒂實際上可獲得1,000美元。貝蒂怎麼做是合理的？怎麼做是誠實的？她需要把100美元還給莎莉嗎？她可以那樣做，並加碼感謝莎莉的信任。或者，她也可能因為莎莉不

夠信任她、沒給她至少400美元而不滿。如果你是其中一人，你會怎麼做？我讓學生做過這個實驗，看到各種可能的行為：有人分一半的金額給對方；有人完全不分一毛錢給對方；有人完全信任對方，把全部的錢都給對方；有些大方分錢的學生獲得了回報，有些沒有獲得回報……世間常態大致上也是如此。

第 **14** 章

非賭不可時，
怎麼賭？

♠ ♥

一切盡在不言中……

我將提出一個數學建議，那可以大幅提升你玩俄羅斯輪盤的獲勝機率。但在此之前，先別急著買機票飛往拉斯維加斯，我必須強調，我能給你的最好建議是：去賭場賭博從來不是什麼好主意，能免則免。我希望你知道，賭場之所以存在，並非偶然。賭場業者花錢把你送到賭場，餵你美食，邀你觀賞賭場內的昂貴表演，這些都不是偶然。不要以為賭場業者只想讓客戶好好享受，玩得開心。

　　但是，如果你非賭不可，以下是讓情勢對你有利的例子。

選擇「大膽玩法」，就對了

　　假設賭場裡有個人手上有4美元，但急需10美元（如果你想聽悲慘的故事，可以想像這個人帶1萬美元進賭場，但輸到只剩4美元。現在他需要10美元搭公車回家）。在贏得6美元之前，他是不會收手的。當然，如果他連4美元也輸光，他就只能頂著寒風冷雨走回家了。（你看到這裡哭了嗎？）這時，站在俄羅斯

輪盤賭桌前的他，必須決定怎麼賭。

我可以用數學精確地證明，若要盡量提高把4美元變成10美元的機率，最佳策略是在一種顏色押下底下兩個金額中較小者：押下他所有的錢，或是押下達到10美元還缺的金額。且聽我解釋：

他有4美元，需要10美元，所以他把4美元都押在紅色上。當然，賭場可能贏走4美元，他只好徒步回家。但如果紅色被他押中了，他的賭注會翻一倍，變成8美元。他不想拿全部的賭金下注，因為他現在只差2美元就達到10美元了。所以他應該只押注2美元。要是他又走運了，他就可以達到想要的10美元。萬一他輸了這2美元，他還有6美元，接著他應該押注4美元。他應該以這種方式一直賭下去，直到他失去所有賭金，或達到想要的10美元。

最佳的策略是選擇這種「大膽玩法」，[1] 亦即押下所有的錢，或是押下你還缺少的金額。乍看之下，這是奇怪的策略，因為多數人會認為，一次押1美元或2美元比較好。他們錯了，大膽玩法才是最好的策略。**因為如果你是「弱勢的一方」，你應該盡量減少參與賽局。**

誰是比較弱勢的一方？答案是，那個獲勝機率小於對手的玩家（即使只是小一點點），或是賭金較少（和彌補損失的機會較少）的玩家。

你與賭場對賭時，你究竟是占優勢還是劣勢，那很清楚。莊家永遠占優勢（這是輪盤上有單零與雙零的原因），而且莊家還有你欠缺的經驗與資本。

不過，讓我再次提醒你：**不要去賭**！這可能是我能給你的最佳數學建議（除非你去賭博是為了好玩，而且不介意輸錢。如果是這樣，我建議你去賭**之前**，先設下你願意付出的金額，而且要堅守原則）。我可以直覺地解釋，為什麼「大膽玩法」，是幫你盡量提升達到10美元機率的最佳策略。或許你知道我能這樣解釋時很訝異。

為了簡化說明，讓我提出另一個問題，它可以清楚說明俄羅斯輪盤的問題。

與莊家對賭，就像跟喬丹大帝 PK 籃球

想像一下，我偶然遇到籃球天才麥可・喬丹，他

答應跟我玩幾次投籃。此刻，我們兩人都不是現役的美國職籃球員，也都有很多閒暇的時間。喬丹對他的球技很有信心，所以大方讓我決定我們想達到的分數。你會怎麼決定？我希望你覺得答案很明顯。對我來說，最好的選項是取消比賽，給喬丹一個擁抱，平局收場（雖然錯過和偶像對打的機會很傻）。次優的選項是比誰先拿到一分，因為奇蹟確實有可能出現。我可能投籃時運氣好得一分，喬丹說不定會失手（任何人都有可能失手）。

如果我選擇比誰先拿到兩分或三分，我獲勝的機率會降到很低。我們比賽越久，我幾乎穩輸無疑。大數法則（law of large numbers）預測，長遠來看，預料中的事情就會發生。如果只比誰先拿一分，至少我可以幻想在籃球上贏喬丹一次，反正做白日夢又不花錢。

回到賭場問題上，我想提醒你，輪盤中包含零，這種設計讓賭場占優勢，使整個賽局對賭客不公平。從本質上來說，與莊家對賭就像與喬丹打籃球一樣。莊家是比較優秀的玩家，所以賭客應該盡量減少賭博的次數，因為長遠來看，莊家永遠是贏家。

賭博專家或理性的數學家可能很想知道，如果我有4美元，一開始先下注1美元，之後採用以下策略會怎樣：如果我贏了，有5美元，我會全部下注。萬一我輸了，只剩3美元，就改用前述的大膽玩法。答案是：這個策略的獲勝機率，和一開始就採用大膽玩法的獲勝機率一樣。總之，這段話是講給專家聽的。

　　此外，如果你的目標是在豪華賭場好好享受一下，大膽玩法不是你的最佳選擇。因為這有可能使賭場的偵查員在你玩一局後，就請你離開。如果在賭場內消磨時間是你的終極目標，我會建議你謹慎地玩——每次只下注1美元，中間休息久一點。這不是最聰明的策略，卻是消磨時間與金錢的有效方法。

　　最後，讓我以英國政治家大衛‧勞合喬治（David Lloyd George）的洞見來總結這一章：「沒有什麼，比分兩次跳過鴻溝更危險的了。」

人生賽局破關指南

1. 賽局理論是把理性玩家之間的互動形式化，並假設每位玩家的目標是追求個人利益的最大化。這裡的利益可以是金錢、名聲、客戶、臉書上的按讚數、自尊等形式。而玩家可能是朋友、敵人、政黨、國家，或任何你可以互動的實體。

2. 你做決定時，應該假設，多數情況下，其他玩家跟你一樣聰明及追求自利。

3. 談判時，你必須考慮三點：第一，你一定要有心理準備，把談判**達不成**協議的可能性也考慮進來；第二，你必須意識到，談判可能**重複**發生；第三，你必須**深信**自己的底線，並堅持到底。

4. 當你面對不理性的對手，理性地參賽往往是不理性的。相反的，以不理性的方式面對不理性的對手，往往是理性的。

5. 盡可能站在對手的立場，思考對方會怎麼做。然而，你不是他，你永遠不知道對方在想什麼：你永遠無法完全掌握他會做什麼及為什麼。

6. 切記，解釋遠比預測容易。多數事情比你想得還複雜，即使你明白這句話的意思。

7. 永遠記得考慮到，人總是不甘願接受不公平的待遇，以及榮譽的重要。

8. 注意！賽局的數學解方往往忽略了一些重要的東西，例如嫉妒（每次有朋友成功，我的內心就死去一點點）、侮辱、幸災樂禍、自尊、義憤填膺。

9. 在動機驅使下，可能讓人改善策略技巧。

10. 做任何決定之前，先自問：如果每個人都跟你想的一樣，那會出現什麼情況……並記得，不是每個人的想法都跟你一樣。

11. 有時「無知便是福」：與非常聰明、無所不知的玩家競爭時，知道最少的玩家可能獲得最高的收益。

12. 每位玩家都做最佳選擇，完全不考慮自己的行動對其他玩家的影響時，可能最後導致全部的人都受害。很多情況下，自私的行為不僅道德上有問

題，策略上也不明智。

13. 一般認為選項越多越好。但實際上正好相反，縮減選項可能改善結果。

14. 一般人面臨「未來的期望」時，通常會合作。也就是說，要是預期未來會再碰面，會改變我們的想法。一旦賽局反覆進行，應堅守以下原則：「扮演好人，永遠不要先背叛對方。遭到背叛，必定反擊。避免盲目樂觀的陷阱。原諒對方。一旦對手停止背叛，就應該跟著停止。」

15. 記住埃班的話：「歷史告訴我們，人類與國家只有在用盡其他的選項後，才會明智地行事。」

16. 研究賽局中，特定舉動可能造成的成功與失敗組合。了解誠實與欺騙的可能結果，以及信任所涉及的風險。

17. 如果你的目標就是取勝，請不要被複雜所迷惑而轉移方向。誠如邱吉爾所說的：「策略再怎麼好，都要偶爾看看結果。」

18. 事實一再證明，放棄經濟／策略性的思考，直接信任對方，是理性的做法。

19. 誠實、正直、信任、關愛等道德特質，對完善經

濟與健全社會來說是必要的。不過，世界領導人
與經濟政策的制定者是否具備這些特質，則令人
懷疑。畢竟，這些特質並無法在政治競選中帶來
任何優勢。

20. 如果你是「比較弱勢的玩家」，應該盡可能減少參
    與賽局。

21. 試圖避免風險，是非常冒險的做法。

參考附注

第3章　最後通牒賽局

1. 針對最後通牒賽局的廣泛評論，可參見Colin F. Camerer, *Behavioural Game Theory*, Princeton University Press, NJ, 2003.

2. 古斯、希密特柏格、施瓦澤的論文是〈An Experimental Analysis of Ultimatum Bargaining〉, *Journal of Economic Behaviour and Organization*, 3:4 (December), pp. 367-88.

3. 史威瑟與索尼克在下文中，寫到美貌對最後通牒賽局的影響：〈The Influence of Physical Attractiveness and Gender on Ultimatum Game Decisions〉, *Organizational Behaviour and Human Decision Processes*, 79:3, September 1991, pp. 199-215.

4. 奧斯汀那句話是出自《傲慢與偏見》，第一卷，第六章。

第4章　海盜、遺產與生活賽局

1. 葛登能對賽局五的看法可參見Martin Gardner, *Aha! Gotcha: Paradoxes to Puzzle and Delight*, W. H. Freeman & Co. Ltd, New York, 1982.

2. 參見Raymond M. Smullyan, *Satan, Cantor, and Infinity: And Other Mind-boggling Puzzles*, Alfred A. Knopf, New York, 1992; and Dover Publications, 2009.

第6章　黑幫老大與囚犯困境

1. Robert Axelrod's *The Evolution of Cooperation*, Basic Books, 1985; revised edition 2006.

第7章　企鵝數學

1. 策略一「消耗戰」的附注：2000年，我與伊蘭・艾謝爾教授（Ilan Eshel）一起發表了一篇論文，討論自願與利他的數學面向。那些數學並不簡單，但如果你有興趣，那篇論文可在網路上免費取得，只要上網搜尋〈On the Volunteer Dilemma I: Continuous-time Decision Selection 1(2000)1-3, 57-66〉即可。

2. 參見John Maynard Smith, *Evolution and the Theory of Games*, Cambridge University Press, Cambridge,

1982.

第8章　拍賣、人性與瘋狂

1. 這裡提到的文章發表於1971年，是Martin Shubik, 'The Dollar Auction Game: A Paradox in Noncoo-perative Behaviour and Escalation', *Journal of Conflict Resolution*, 15:1, pp. 109-11.

2. 「贏家的詛咒」引用的文章是Ed Capen, Bob Clapp and Bill Campbell, 'Competitive Bidding in High-risk Situation', *Journal of Petroleum Technology*, 23, pp. 641-53.

第10章　謊言、該死的謊言和統計數字

1. Edward H. Simpson的1951年論文〈The Interpretation of Interaction in Contingency Tables〉是發表於*Journal of the Royal Statistical Society*, Series B 13, pp. 238-41.

2. 我推薦的兩本書是：John Allen Paulos, *A Mathe-matician Reads the Newspaper: Making Sense of the Numbers in the Headlines*, Penguin, London, 1996; Basic Civitas Books, 2013。以及Darrell Huff, *How*

to Lie with Statistics, revised edition, Penguin, London, 1991.

第11章　機率的把戲

1. Stuart Sutherland的1992年著作*Irrationality: The Enemy Within*，在2013年推出了21週年版（由英國醫師兼作家Ben Goldacre作序）by Pinter & Martin, London, 2013.

第12章　怎麼分攤，才公平？

1. 機場問題最早是由S. C. Littlechild與G. Owen在1973的論文中提出：'A Simple Expression for the Shapely Value in a Special Case', *Management Science*, 20:3, Theory Series. (Nov 1973), pp. 370-2.

第14章　非賭不可時，怎麼賭？

1. 「大膽玩法」是「輪盤賭局聖經」的用語：Lester E. Dubbins and Leonard J. Savage, *How to Gamble if You Must*, Dover Publications, New York, reprint edition, 2014; first published 1976 as *Inequalities for Stochastic Processes*.

參考書目

第1章　用餐者困境

Gneezy, Uri, Haruvy, Ernan and Yafe, Hadas, 'The Inefficiency of Splitting the Bill', *Economic Journal*, 114:495 (April 2004), pp. 265–80

第2章　勒索者悖論

Aumann, Robert, *The Blackmailer Paradox: Game Theory and Negotiations with Arab Countries*, available at www.aish.com/jw/me/97755479.html

第3章　最後通牒賽局

Camerer, Colin, *Behavioral Game Theory: Experiments in Strategic Interaction*, Roundtable Series in Behavioral Economics, Princeton University Press, 2003

第4章　海盜、遺產與生活賽局

Davis, Morton, *Game Theory: A Nontechnical Intro-duction*, Dover Publications, reprint edition, 1997

第5章　媒婆的考驗

Gale, D. and Shapley, L. S., 'College Admissions and the Stability of Marriage', *American Mathematical Monthly*, 69 (1962), pp. 9–14

插曲：古羅馬角鬥士賽局

Kaminsky, K. S., Luks, E. M. and Nelson, P. I., 'Strategy, Nontransitive Dominance and the Exponential Distribution', *Austral J Statist*, 26 (1984), pp. 111–18

第6章與第9章　黑幫老大與囚犯困境、膽小鬼賽局：你敢跟我拼嗎？

Poundstone, William, *Prisoner's Dilemma*, Anchor, reprint edition, 1993

第7章　企鵝數學

Sigmund, Karl, *The Calculus of Selfishness*, Princeton Series in Theoretical and Computational Biology, Princeton

University Press, 2010

插曲：烏鴉悖論

Hempel, C. G., 'Studies in the Logic of Confirmation', *Mind*, 54 (1945), pp. 1–26

第8章　拍賣、人性與瘋狂

Milgrom, Paul, *Putting Auction Theory to Work* (Churchill Lectures in Economics), Cambridge University Press, 2004

第10章　謊言、該死的謊言和統計數字

Huff, Darrell, *How to Lie with Statistics*, W. W. Norton & Company, reissue edition, 1993

第11章　機率的把戲

Morin, David J., *Probability: For the Enthusiastic Beginner*, CreateSpace Independent Publishing Platform, 2016

第12章　怎麼分攤，才公平？

Littlechild, S. C. and Owen, G., 'A Simple Expression for the Shapely Value in a Special Case', *Management*

Science 20:3 (1973), pp. 370–2

第13章 信任賽局

Basu, Kaushik, 'The Traveler's Dilemma', *Scientific American*, June 2007

第14章 非賭不可時,怎麼賭?

Dubins, Lester E. and Savage, Leonard J., *How to Gamble If You Must: Inequalities for Stochastic Processes*, Dover Publications, reprint edition, 2014

Karlin, Anna R. and Peres, Yuval, 'Game Theory Alive', *American Mathematical Society* (2017)

賽局思考

作　　　者	哈伊姆‧夏皮拉（Haim Shapira）
譯　　　者	洪慧芳
主　　　編	呂佳昀

總 編 輯	李映慧
執 行 長	陳旭華（steve@bookrep.com.tw）

出　　　版	大牌出版 / 遠足文化事業股份有限公司
發　　　行	遠足文化事業股份有限公司（讀書共和國出版集團）
地　　　址	23141 新北市新店區民權路 108-2 號 9 樓
電　　　話	+886-2-2218-1417
郵撥帳號	19504465 遠足文化事業股份有限公司

封面設計	張天薪
排　　　版	新鑫電腦排版工作室
印　　　製	博創印藝文化事業有限公司
法律顧問	華洋法律事務所　蘇文生律師

定　　　價	400 元
初　　　版	2023 年 8 月

Originally published in the UK and USA 2017 by
Watkins, an imprint of Watkins Media Limited
19 Cecil Court, London WC2N 4EZ
Text copyright © Haim Shapira 2017
Translation rights arranged through Vicki Satlow of The Agency srl.,
in conjunction with CA-LINK International LLC
Traditional Chinese translation rights © 2023 by Streamer Publishing,
a Division of Walkers Cultural Co., Ltd

電子書 E-ISBN
9786267305553（EPUB）
9786267305560（PDF）

國家圖書館出版品預行編目資料

賽局思考 / 哈伊姆‧夏皮拉 (Haim Shapira) 著 ; 洪慧芳 譯 . -- 初版 . --
新北市 : 大牌出版 , 遠足文化發行 , 2023.08
272 面 ;14.8×21 公分
譯自 : Gladiators, pirates and games of trust : how game theory, strategy
　　　and probability rule our lives
ISBN 978-626-7305-57-7（平裝）
1. CST: 決策管理　2. CST: 博奕論

494.1　　　　　　　　　　　　　　　　　　　　　　　　112010184